マンガで教養

やさしいワイン

YASASHII-WINE

一生モノの基礎知識

監修　日本ソムリエ協会認定
ワインエキスパート
瀬川あずさ

マンガ　菜々子

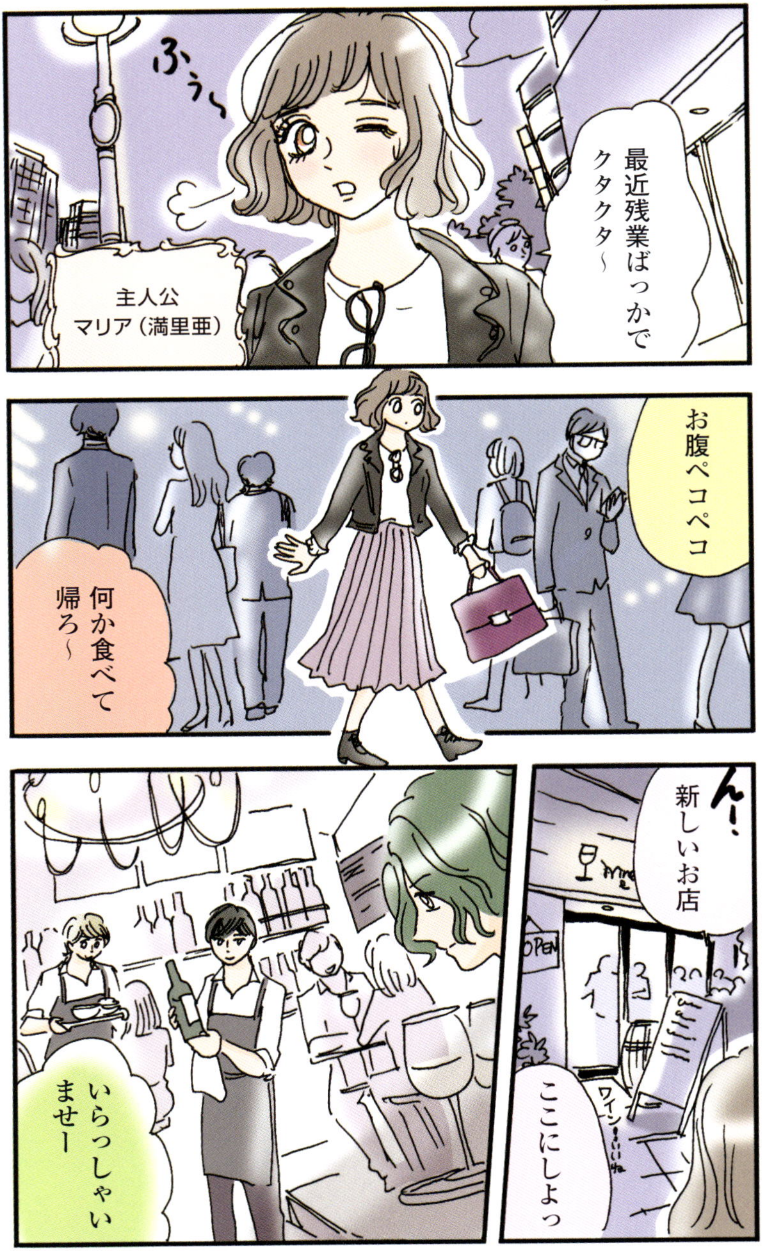
ふぅ〜
最近残業ばっかでクタクタ〜
主人公
マリア（満里亜）
お腹ペコペコ
何か食べて帰ろ〜
ん！
新しいお店
OPEN
ここにしよっ
いらっしゃいませー

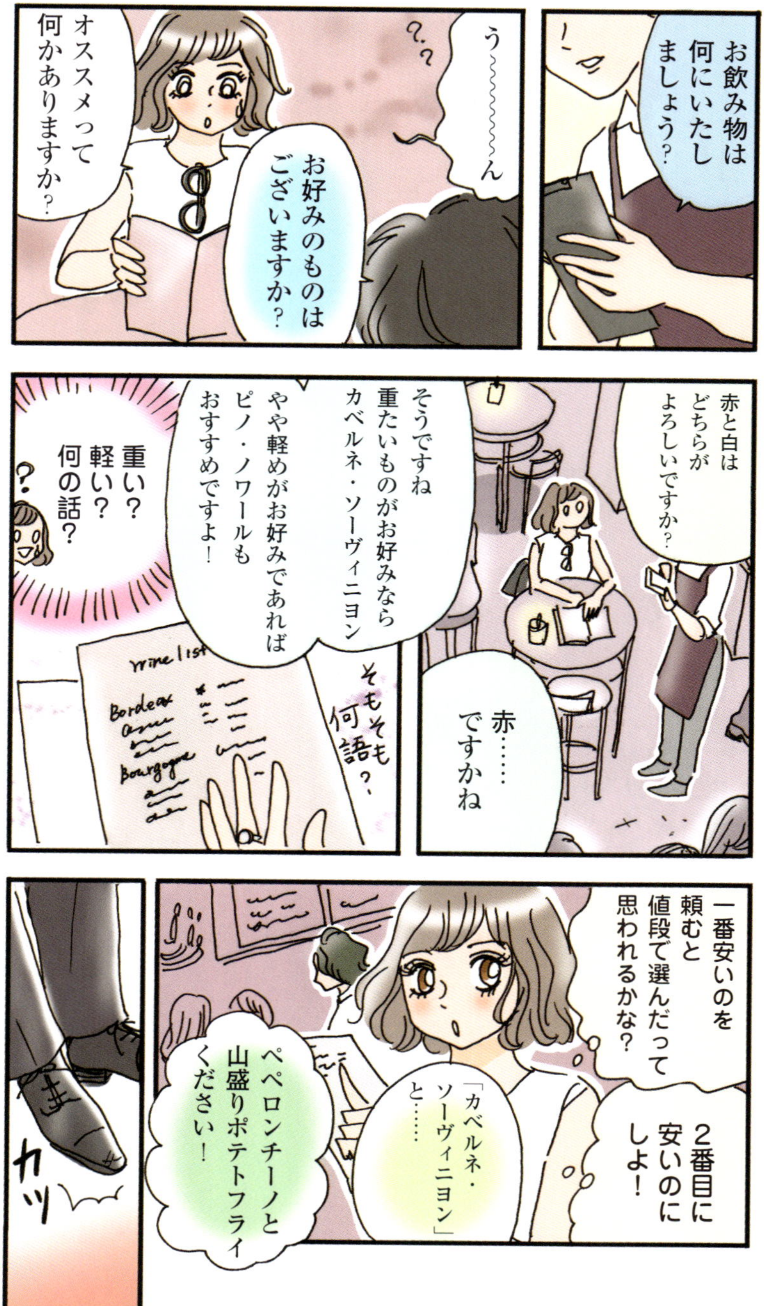
お飲み物は何にいたしましょう？
う〜〜〜〜ん
お好みのものはございますか？
オススメって何かありますか？
赤と白はどちらがよろしいですか？
赤……ですかね
そうですね
重たいものがお好みなら
カベルネ・ソーヴィニヨン
やや軽めがお好みであれば
ピノ・ノワールも
おすすめですよ！
そもそも何語？
重い？軽い？何の話？
wine list
Bordeaux
Bourgogne
一番安いのを頼むと値段で選んだって思われるかな？
2番目に安いのにしよ！
「カベルネ・ソーヴィニヨン」と……
ペペロンチーノと山盛りポテトフライください！
カッ

カッカッカッ
カッカッ
はい
お待たせしました
イケメン!!
店員!?

ぐ〜
ではいただきます
ゴクゴク
ゴクゴク
ぷはー
おいし〜い！
カラッ
あの〜飲みほしちゃったのでおかわりを…
自分でついじゃえばいっか！
ダメ
そういうの全〜然ダメ
は？

今グイーって
一気にいったけど
そういうのはよくないよ
ワインは誰かに
注いでもらうもの
自分でつぐのも
よくないね
え？
しかも
オレに
ペペロンチーノは
ないんじゃない？
一体アナタ
誰なのよ⁉
オレ…？
オレの名は
〝カベルネ・
ソーヴィニヨン〟

"カベルネ・ソーヴィニヨン"って……ワインじゃないですか!
さっき私が頼んだワイン?
そうさ
オレは、ワインの原料になるぶどうの一種。他にもたくさんの仲間がいる
君みたいな初心者にワインの基本を教えるのもオレたちの役割
どう? これからオレとワイン・デートしない?
オレのこと、もっと知ってもらいたいんだ
カベルネ・ソーヴィニヨンって……カッコいい!
キュン
は、はいっ
もっと教えて! アナタのこと!
もしもワイン用ぶどうが「ワイン男子」として現れたら? 個性あふれる面々がマリアをワインの世界へエスコート!(ワイン男子の紹介はP.10〜)

INDEX

※掲載しているワインの価格は全て参考価格です。実際とは異なる場合があります。また、表示のない限り、税込み価格で表記しています。商品は、時期によって売り切れの場合もあります。

ワインのぶどうを
男子に例えると

ワイン
ぶどう
名鑑

FILE.1

RED

世界に羽ばたく！ワイン界随一の愛されキャラ

カベルネ・ソーヴィニヨン

Cabernet Sauvignon

将来を嘱望される長期熟成型ワインの代表！

世界で愛される定番の赤ワイン。リーズナブルなものから高級路線まで、いろいろなラインで造られているので、ワイン初心者から愛好家まで、幅広い層の心をつかんでいる。

特徴は、**豊富なタンニン（渋み）と、しっかりとしたボディ。酸味と渋みのバランスもよくて、飲んだ後の余韻も長く感じさせる**。香りはカシスなど濃厚な果実のイメージ。

地元フランスでは、**「ボルドー・ブレンド」の主役**として、メルロー（P.12）やカベルネ・フランとブレンドされるが、アメリカやチリでは、カベルネ一種だけで造られたワインも多い。日本でも「カベルネ」や「カベソー」と呼ばれて愛されている。

果皮が厚く、タンニンをたくさん含むため、**長期熟成のワイン**に向いている。ボルドー「五大シャトー」（P.85）に代表される高級ワインの場合、飲み頃になるまで数十年かかることもざらだ。

紹介マンガはP.34へ

Profile

出身
フランス／ボルドー地方

主な産地
フランス、イタリア、アメリカ、チリ

性格
芯の強いヒーロー気質。長期熟成のポテンシャルの高さもピカイチ

味わい
タンニンが豊かでしっかりボディ。ワイルドで骨太、筋肉質タイプ

香り
ブルーベリー、カシス

料理
ステーキ、ビーフシチュー

飲むならコレ！

エラスリス エステート カベルネ・ソーヴィニヨン

ヴィーニャ・エラスリス／チリ

「世界で最も優れたカベルネを生み出す」アコンカグア・ヴァレー。その地で栽培されたカベルネを100％使用。¥1,500／ヴァンパッシオン

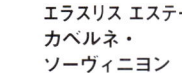

RED

メルロー

ふくよかなボディが持ち味のフォロー上手

一緒に飲もう♡
こっち来なよ
ダークチェリー
ブルーベリー
腐葉土の香り
牛肉
うなぎなど
相性良し
包容力バツグン↑
君に合わせるから大丈夫っ！
カベルネと仲良し
よう！
おう！
ひとりでも魅力的…
ドキッ

Merlot

カベルネ・ソーヴィニヨンと相性抜群
サポート役として世界で活躍

赤

ワインとして、カベルネ・ソーヴィニヨン（P.10）と同じくらい有名。カベルネよりも**ふくよかなボディ、きめの細かい渋み**が特徴。普段はカベルネとブレンドされて、サポート役をすることが多い。カベルネのしっかりとした渋みを、メルローのやわらかな渋みでフォローすることで、荒々しさが消えて、まろやかなワインになる。メルローの包容力がなせる技。

一方で、「化けるとすごい」と言われているワイン。**メルロー単独の魅力を十分に生かした、長期熟成型の高級ワイン**も有名だ。例えば、ボルドー最高峰と言われるシャトー「ペトリュス」や「ル・パン」は、メルローがメインとなるワインを造って、世界的に高い評価を得ている。

比較的冷涼な気候でも生育できる。フランスやアメリカのほか、日本の長野などで栽培されている。

紹介マンガは
P.56へ

飲むならコレ！

**メルロー
バイ・テュヌヴァン**

テュヌヴァン／
フランス

ガレージ・ワイン(P.224)ブームの発端となったシャトーの生産者によって造られた、ボルドー産メルローの定番。上品でフルーティ。
¥1,800／日本リカー

Profile

出身
フランス／
ボルドー地方

主な産地
フランス、アメリカ、
長野

性格
やわらかな物腰と親しみやすさで、ワイン初心者の心をわしづかみ

味わい
まろやかな酸味や渋み。ボリューム感となめらかな飲み心地が特徴

香り
ブルーベリー、カシス、
熟成すると腐葉土

料理
ローストビーフ、
うなぎ

ワインのぶどうを
男子に例えると

ワイン
ぶどう
名鑑

FILE.3

RED

ピノ・ノワール

繊細で感性豊かな、芸術家タイプ

Pinot Noir

ブルゴーニュの土地で輝く孤高のスター

カベルネやメルロー（P.10～13）をボルドー地方のアイドルユニットとしたら、ピノ・ノワールは、仏・ブルゴーニュ地方の孤高の芸術家。**基本的に単一品種で造られる**。**渋みは少なく、豊かな酸味と、軽やかな飲み心地**が特徴。一度飲むと、その洗練されたエレガンスのとりこになるはず。

透き通ったルビーのような赤色。香りは、チェリーやいちごをはじめ、スミレ、そして**余韻にはバラの香り**が残る。

温度や湿度に敏感で、栽培がとても難しい品種とされる。**ブルゴーニュの高級赤ワインと言えば、ほとんどがピノ・ノワール**。わずかな気候や土壌の変動も味に反映されるので、当たりハズレが大きい。反対に、成功したときの味わいはすばらしく、芸術的とも言える。畑や土地の個性を生かした、希少価値の高いワインが数多く生み出されている。

紹介マンガは
P.68へ

Profile

出身
フランス／ブルゴーニュ地方

主な産地
フランス、アメリカ、ニュージーランド

性格
繊細ゆえに浮き沈みが激しいが、成功したときには神がかった魅力を発揮

味わい
洗練された酸味と、複雑な味わい。渋みは少なくライトな飲み口

香り
いちご、赤いベリー、スミレ、バラ

料理
鴨肉や鶏肉など軽めの肉料理

飲むならコレ！

ブルゴーニュ ルージュ クーヴァン・デ・ジャコバン

ルイ・ジャド／フランス

1859年に創設された歴史ある醸造所により、バランスよく造られたスタンダードな赤ワイン。（詳細はP.240）
¥2,750／日本リカー

RED

シラー／シラーズ

男性的な魅力にあふれるワイルドな双子

Syrah/Shiraz

スパイシーで力強いシラーズとエレガンスを加えたシラー

シラーの産地は、フランス・ローヌ地方。19世紀前半、オーストラリアに持ち込まれて、現地ではシラーズという名前が用いられるようになった。

シラーは、黒コショウを思わせるスパイシーで濃厚な味わい。熟成させるとカラメルや焼き菓子に似た甘い香りが立ち、**心地よいエレガンス**を感じさせてくれる。**シラーズは、日照量の多いオーストラリアで、果実味をたっぷり含み、スパイス感もUP。**ほんのりと甘みのある、**さらに濃厚なワイン**になる。

特にシラーズは、**オーストラリアワインの代表格。**シラーズ一種だけで造られることが多いが、カベルネ・ソーヴィニヨン（P.10）とブレンドされる場合もある。重厚な味わい同士の組み合わせは、通称「シラカベ」と呼ばれる人気ワインとなっている。シラーとともにスパイシーな肉料理と相性抜群。

紹介マンガはP.96へ

Profile

出身
フランス／ローヌ地方

主な産地
フランス、オーストラリア

性格
ワイルド感と高貴さを併せ持つシラー。野性味あふれるシラーズ

味わい
重厚で力強い。渋みが豊かで、黒コショウのスパイシーなニュアンスも

香り
ブラックベリー、黒コショウ、チョコレート

料理
BBQ、ジビエ
うなぎ

飲むならコレ！

ギガル　クローズ・エルミタージュ・ルージュ

イー・ギガル／フランス

ローヌ地方を代表する醸造所のリーズナブルなラインのワイン。力強い味わいと、きめの細かいタンニンが特徴。
¥3,200／2010年／ラック・コーポレーション

FILE.5

WHITE

誰とでも仲良くなれる、ピースフル男子

シャルドネ

Chardonnay

どんな環境にも合わせられる柔軟な性格が大人気

世界中で栽培されているシャルドネは、みんなから愛される人気者。特に、**栽培地域の気候や土壌、造り手によって、全くニュアンスの違うワインになる**ことが、大きな魅力のひとつ。

シャルドネは、**一般的にはやわらかい口当たりのフルーティなワイン**であることが多い。ただ、寒冷な土地の代表、フランス「**シャブリ」地区のシャルドネは、シャープな酸味が際立ち、ミネラル感もあるさわやかな印象**になる。反対に、アメリカなど**温暖な気候では、果実味が増し、ふくよかな味わい**に。シャブリにはさっぱりとしたお刺身、ふくよかな場合はムニエルなどが合う。

香りも同様に変化する。普段はりんごや洋ナシなどの香り。暖かい気候で育てられると、パッションフルーツやパイナップルのような、南国系の香りが現れる。また、醸造に樽を使用すると、樽の香りが移り、ココナッツやバニラのような香りを出す。

紹介マンガはP.130へ

Profile

出身
フランス／ブルゴーニュ地方

主な産地
フランス、アメリカ、チリ、オーストラリアなど

性格
天真爛漫で裏表がない。屈託なく、どんな環境にもなじめるのが魅力

味わい
飲みごたえのあるまったりタイプと、すっきりとした辛口の両方

香り
青りんご、洋ナシ、桃、ナッツ

料理
白身魚のムニエル、刺身

飲むならコレ！

ブルゴーニュ シャルドネ “ラ ヴィニェ”

ブシャール ペール エ フィス／フランス

ブルゴーニュの歴史あるワイナリーの、シャルドネ100%のワイン。華やかな香りとなめらかな味わいが特徴。¥2,720／サントリー

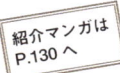

ワインのぶどうを
男子に例えると

ワイン
ぶどう
名鑑

FILE.6

WHITE

緑を愛するさわやか系男子

ソーヴィニヨン・ブラン

Sauvignon Blanc

草原の中にたたずむ
レモンの樹のような清涼感

シャルドネ（P.18）、リースリング（P.22）と並ぶ、白ワイン用の三大ぶどうのひとつ。

最大の特徴は、**レモンやライム、グレープフルーツ、芝生のような青々しい香り**。口に含むと、キレのある酸味を伴い、フルーティでさわやかな味わいが口いっぱいに広がる。暖かいエリアでは、パッションフルーツなどのトロピカルな果実感も伴う香りになる。

原産国のフランスのほか、近年、世界的な評価を得ているのがニュージーランド。**ニュージーランドのソーヴィニヨン・ブラン**は、香りはフルーティで華やかだが、味わいはシャープで、草原のようにどこまでもすがすがしい。中でも「マールボロ」地方は、国内の生産量の85%を栽培している"聖地"なので、覚えておこう。

和食やアジア料理ともよく合う、幅の広さを持つ。ハーブやスパイスを使った料理や、レモンのさわやかさとも相性抜群。

紹介マンガは
P.148へ

Profile

出身
フランス

主な産地
フランス、ニュージーランド、チリ

性格
緑を愛する、心優しい個性派男子。ナチュラル志向で料理好き

味わい
すっきりシャープな酸味が特徴。かんきつ系のさわやかな味わい

香り
レモン、ライム、グレープフルーツ、芝生

料理
レモンやハーブを使ったサラダ

飲むならコレ！

クラウディー・ベイ ソーヴィニヨン・ブラン

クラウディー・ベイ／ニュージーランド

すがすがしいニュージーランドの草原をイメージさせる、どこまでもさわやかな味わい。（詳細はP.237）¥2,700／楽天・マリアージュ・ド・ケイ

ワインのぶどうを男子に例えると

ワインぶどう名鑑

FILE.7

WHITE

リースリング

甘口になるべく育てられたドイツの美青年

Riesling

周りに合わせて 甘口にも辛口にもなれる人気者

ドイツ原産のリースリングは、冷涼な気候がもたらす凛とした酸味と、すっきりとした味わいが特徴。りんごなどの果実の中に、白い花やハチミツを連想させる香りがある。

世界のリースリングの半数以上を生産する**ドイツでは、甘口に仕上げたものが定番**。テリーヌやカスレと相性がよい。糖度が上がるとデザートワインとして楽しめる。**糖度が高いほど品質の格付けが上がる**ため、凍った状態のぶどうを使用する「アイスヴァイン」は上級の甘口ワイン。「ボトリティス・シネレア」という貴腐菌（カビの一種）と一緒に醸造される「トロッケンベーレンアウスレーゼ」は、糖度が最も高い最上級ワインになる。

ドイツとの国境に近い、フランス・アルザス地方でもリースリングの人気は高いが、こちらは辛口がメイン。**シャープな味わいの辛口は、魚や天ぷら、酢の物などの和食とも相性がいい。**

紹介マンガは
P.168へ

Profile

出身	主な産地
ドイツ	ドイツ、フランス／アルザス、オーストラリア

性格	味わい
キリッとシャープな雰囲気と思いきや、スイートな一面も	キリッとさわやかな酸味が持ち味。心地よい甘さが酸を引き立てる

香り	料理
りんご、かんきつ系、石油	テリーヌ、カスレ(ソーセージ)、冷製フォアグラ

飲むならコレ！

トリンバック アルザス リースリング

F.E. トリンバック／フランス

フランスの3つ星レストラン全店が採用する、フランス・アルザスを代表するワイナリーの辛口リースリング。¥2,300／日本リカー

ワインのぶどうを
男子に例えると

ワイン
ぶどう
名鑑

FILE.8

WHITE

甲州

世界が注目するピュアな日本男子

Koshu

透明感バツグン 潤いに満ちた癒し系

元々は仏教の伝来とともに、海外から持ち込まれた品種と言われているが、長年日本の土地になじんできた結果、**湧き出る清水のようなさわやかさ**を持った味わいに。**透明度の高い、淡い色合いと上品な酸味**で、「潤いのワイン」とも言われる。

香りはかんきつ系や青りんご、白桃などと表現される。フレッシュな味わいを生かすため、ステンレスタンクでの熟成がメインだが、樽熟成した桜チップのようなスモーキーな香りも人気。

主張しすぎない飲み心地で、食事との相性も抜群。特に、素材の味を生かした、天ぷらや寿司などの和食と相性がいい。

海外でも、和食との相性やオリジナリティが注目され、**日本を代表する銘柄**として紹介される。また、世界最大のワインコンクールでも金賞を受賞するなど、近年はさらに世界的な評価が高まっている。

紹介マンガは
P.210へ

Profile

出身	主な産地
日本	日本／山梨、山形、大阪

性格	味わい
控えめだけど、存在感たっぷり。そばにいるだけで落ち着くタイプ	すっきりとした辛口。流れる川の水のように、なめらかな口当たり

香り	料理
青りんご、洋梨、ミネラル香	寿司や刺身、天ぷらなど和食

飲むならコレ！

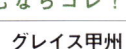

グレイス甲州

中央葡萄酒／山梨

甲州ワインの評価を世界的に高めたワイナリーの定番ワイン。フレッシュな味わいと凛とした酸味が特徴。（詳細は P.252）¥2,160（税込み）

RED　国民的人気を誇る陽気なイタリアーノ

サンジョヴェーゼ Sangiovese

Profile

出身	主な産地
イタリア	イタリア／トスカーナを含む中部

性格	味わい
リーズナブルなワインから高級ワインにもなる、幅の広さが持ち味	酸味が豊かだが、熟成すると酸味が弱まり、コクが出る

香り	料理
いちご、プラム、スミレ	トマトソース系の料理

イタリア全土で栽培される国民的品種。幅広く愛されるフレンドリーな赤で、特にトスカーナ州のキャンティ地区産が大人気。「キャンティ」が出回りすぎて、伝統的な「キャンティ・クラシコ」と名称を分けるようになったほど。「スーパートスカーナ」などの高級ワインに使われることもある。

飲むならコレ！

ペポリ・キャンティ・クラシコ

アンティノリ／イタリア

イタリアワインのトップメーカーによる、スタンダードなキャンティ・クラシコ。華やかな果実味と、チャーミングでなめらかな味わい。¥3,000／2013年／エノテカ

ワイン
ぶどう
名鑑
FILE.10

RED 地元で大切に育てられた深窓の貴公子

ネッビオーロ Nebbiolo

Profile

出身	主な産地
イタリア	イタリア／ピエモンテ

性格	味わい
若いときから大人びている。大切に育てられたお坊ちゃま	渋みが非常に強く、最初から熟した印象。味わいは複雑で力強い

香り	料理
赤いベリー、熟成するとトリュフ	トリュフのかかった高級肉

土壌や日当たりなどの気候条件を選ぶため、イタリアのピエモンテ州を中心に、栽培地域は多くない。タンニン（渋み）がとても豊かで重たい味わい。

長期熟成にも耐えるので、単一で最高級ワインとされる「バローロ」や「バルバレスコ」に使用される。イタリア人も憧れの最高級品種。

飲むならコレ！

バルバレスコ

ガヤ／イタリア

イタリアワインの帝王・ガヤの全てを集結したというフラッグシップワイン。奥行きのある味わいと、長く続く余韻が特徴。（詳細はP.206）
¥22,000／2012年／エノテカ

ワインぶどう名鑑 FILE.11

RED 情熱の国、スペインの早熟なプリンス

テンプラニーリョ Tempranillo

情熱の恋!
濃厚な時間《とき》をキミにあげよう♡

合わせる料理
焼き鳥（たれ）
タパス、アヒージョなど
ブルーベリー、シナモンの香り

ザッ ザッ
ガルナッチャ
腹心の部下をいつも連れて歩く
お供しますっ
他品種のサポートあってのスペインワインの王子!
ザッ

Profile

出身
スペイン

主な産地
スペイン、フランス、ポルトガル

性格
情熱的な肉食男子。濃密な時間を過ごせること請け合い

味わい
濃厚でまろやか、親しみやすい味わい。スパイシーなニュアンスも

香り
ブルーベリー、シナモン

料理
焼き鳥（たれ）、アヒージョ

スペインを代表する最高品種。熟すのが早いため「早熟」という意味を持つ。まろやかで親しみやすい中に、果実味が凝縮された濃厚な味わいは、情熱的なスペインにぴったり。

テンプラニーリョを主体に、ガルナッチャ（グルナッシュ、P.32）など土着品種とのブレンドが定番。

飲むならコレ！

TINTO PESQUERA

ペスケラ・ティント・クリアンサ

アレハンドロ・フェルナンデス／スペイン

「スペインのペトリュス（ボルドーの有名シャトー）」と称されるワイン。洗練のフルボディ。（詳細はP.235）¥2,980／楽天・うきうきワインの玉手箱

ワイン
ぶどう
名鑑
FILE.12

RED　期間限定！　フレッシュ感が売りのアイドル

ガメイ

Gamay

Profile

出身
フランス

主な産地
フランス／ブルゴーニュ・ボジョレー地区

性格
かわいい少年タイプ。ピクニックで一緒にハムサンドを頬張りたい

味わい
渋みが少なく、軽やかでフルーティ。いちごキャンディのような味

香り
いちご

料理
ハムのサンドイッチ、スイーツ

ボジョレー・ヌーボー（新酒）として、新酒シーズンに人気を博す。軽やかな飲み口が特徴の赤。ブルゴーニュ地方南部の、ボジョレー地区で栽培されている。

ヌーボーは、フレッシュな味わいを生かすため、特別な醸造法で造られる。若いうちに飲むのが鉄則なので、その年のうちに飲みきろう。

飲むならコレ！

ジョルジュ デュブッフ ボジョレー

ジョルジュ　デュブッフ／フランス

ボジョレー・ヌーボーを世界に広めた造り手による、スタンダードな一本。フレッシュでいきいきとした味わいで、気軽に楽しめる。¥1,390／サントリー

ワインぶどう名鑑 FILE.13

RED フランス出身のまったり系チリボーイ

カルメネール Carmenere

まったりいこうぜ
キュッ

合わせる料理 赤身の肉やチョコレート

カシス 腐葉土の香り
昔メルローに間違えられたことが…

アイドルグループに欠かせない親しみやすいあのキャラ♡。
一番にはなれないけど(?)
BIG BANGのスンリとか関ジャニ∞の村上くんとか

Profile

出身
フランス

主な産地
チリ、イタリア

性格
主役になれないもどかしさ。でもリーズナブルな人気者

味わい
渋みは強くなく、ミディアムボディ。豊かな果実味

香り
カシス、
熟成すると腐葉土

料理
赤身の肉、
チョコレート

フランス原産だが、フランスでは19世紀に絶滅されていたと思われていた品種で、最近チリで認知され、注目を集める。低価格で飲みやすい、チリワインの定番。長い間、メルロー（P.12）と混同されていた。まったりとした味わいや、土のようなニュアンスなど、類似点も多い。

飲むならコレ！

Casillero del Diablo

カッシェロ・デル・ディアブロ カルメネール

コンチャ・イ・トロ／チリ

世界130か国以上で販売される、グローバルなチリのワインブランド。ソフトで丸いタンニン（渋み）と、マイルドな飲み口で飲みやすい。¥1,570／メルシャン

ワインぶどう名鑑 FILE.14

RED 和食にぴったり、日本のお祭り男子

マスカット・ベーリーA

Muscat Bailey A

Profile

出身	主な産地
日本	日本／山梨、新潟

性格	味わい
元気でフレッシュな日本の少年。一緒にお祭りに出かけたい!	軽やかな辛口ワイン。しょうゆやみそなど発酵食品と相性抜群

香り	料理
チェリー、いちご	和食、しょうゆやみそを使う料理

昭和初期に、「日本ワインの父」こと川上善兵衛による交配によって新潟で生まれた、日本固有のぶどう品種。生食用にもなる大きな粒が特徴で、一粒に対する皮の割合が少ないため、ワインの色も透き通ったライトな赤色になる。みずみずしくチャーミングな味わいで、特に和食との相性がいい。

飲むならコレ!

深雪花《みゆきばな》

岩の原葡萄園／新潟

完熟したマスカット・ベーリーAを厳選して使用。じっくりと樽で熟成した、濃縮感のある果実味とふくらみのあるまろやかさが特徴。(詳細はP.255) ¥2,179(税込み)

＼ 余力があったら ／

覚えておきたいぶどう品種

紹介したワインぶどうの基本14品種のほか、
覚えておくとさらに
ワインを楽しめるぶどうの品種を紹介。

1種類だけでワインになれる主役級 単一品種のワインになるぶどう

RED
アルゼンチンを代表する品種
マルベック

元々フランス産だが、今ではマルベックといえばアルゼンチン、と言われるほどに定番化。おだやかなタンニン（渋み）と、濃厚なジャムのような甘いニュアンスが特徴。

主な産地／アルゼンチン、フランス

RED
濃厚な果実味と飲みやすさ
ジンファンデル

華やかで親しみやすいアメリカン・カジュアル。価格も手頃で、デイリーワインとして重宝される。イタリアでの名前は「プリミティーヴォ」。

主な産地／アメリカ、イタリア

WHITE
変幻自在のニュートラルな性質
シュナン・ブラン

甘口や辛口、極甘口の貴腐ワインなど、様々なスタイルで造られるのが特徴。南アフリカでは最も多く栽培されるぶどうで、パイナップルなどの南国的な果実の香りが特徴。

主な産地／南アフリカ、フランス

WHITE
ライチのような華やかな香り
ゲヴュルツトラミネール

「ゲヴュルツ」とは、ドイツ語で「香辛料」の意味。ライチや白いバラのような、エキゾチックで個性的な香りが特徴。クセが強いので、好き嫌いが分かれやすい。

主な産地／ドイツ、フランス

ワイン造りに欠かせない引き立て役 ブレンドワインが主体のぶどう

※単一で造られることもある。

WHITE
辛口ではブレンド、
甘口では単一が基本
セミヨン

糖度が高く、まろやかな口当たり。酸味が少ないので、ソーヴィニヨン・ブランやミュスカデルとブレンドされることが多い。単一では、極甘口の貴腐ワインになる。

主な産地／フランス

RED
世界で栽培されている
名脇役
グルナッシュ

スパイシーで果実味豊か。シラーやテンプラニーリョとブレンドされることで、豊かな果実味とボリューム感を与える。スペインでの名前は「ガルナッチャ」。

主な産地／スペイン、フランス

RED
ボルドー地方の
ブレンドに不可欠
カベルネ・フラン

カベルネ・ソーヴィニヨンを軽やかにしたような味わい。カベルネ・ソーヴィニヨン、メルローとブレンドされ、味わいに奥行きや複雑性を持たせてくれる。

主な産地／フランス

1杯目

Red

CABERNET SAUVIGNON

カベルネ・ソーヴィニヨン

世界中で愛されている、
定番の赤ワイン。
豊富な渋みと
どっしりとしたボディが特徴。
プロフィールはP.10へ！

職業 実業家

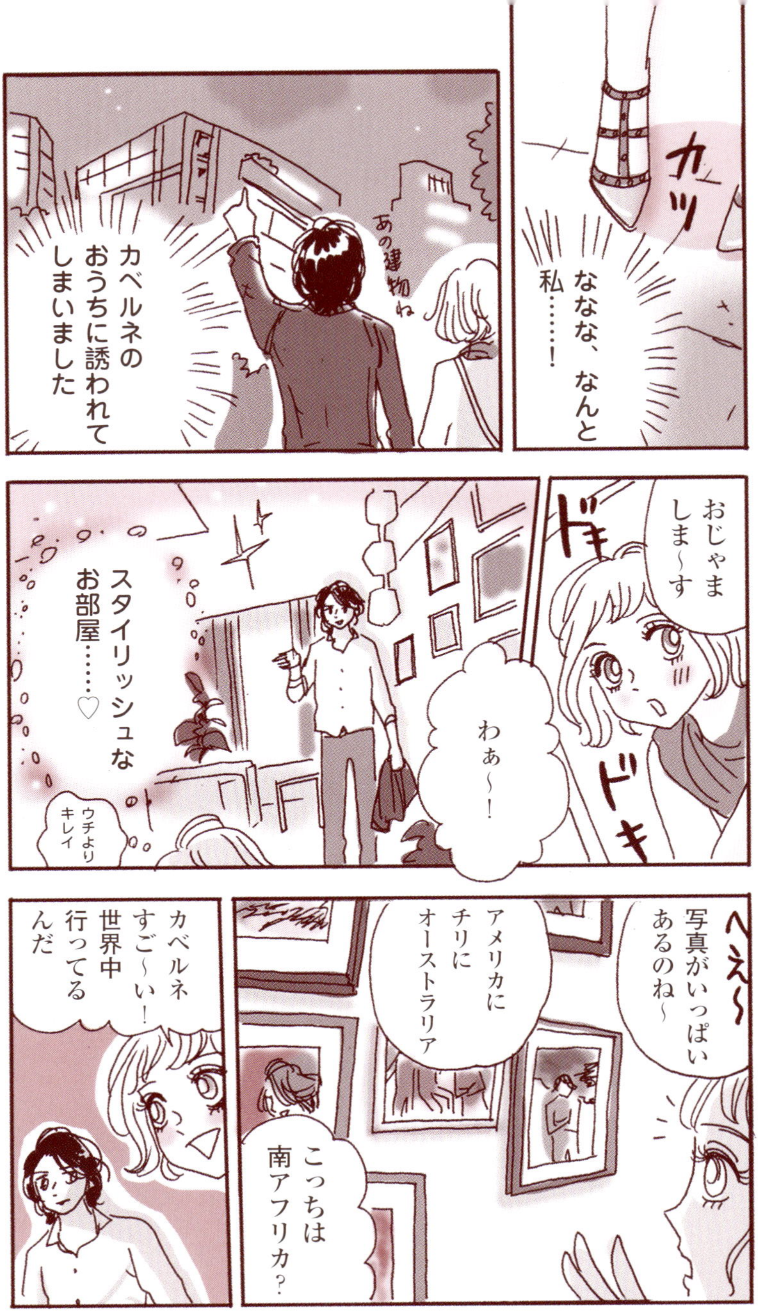
カツ
ななな、なんと私……!
カベルネのおうちに誘われてしまいました
あの建物ね
ドキドキ
おじゃましま〜す
わぁ〜!
スタイリッシュなお部屋……♡
ウチよりキレイ
へぇ〜
写真がいっぱいあるのね〜
アメリカにチリにオーストラリア
こっちは南アフリカ?
カベルネすご〜い!世界中行ってるんだ

※フランス・ボルドー地方のメドック地区は、「五大シャトー」をはじめとする高級ワインを生み出す産地として有名。

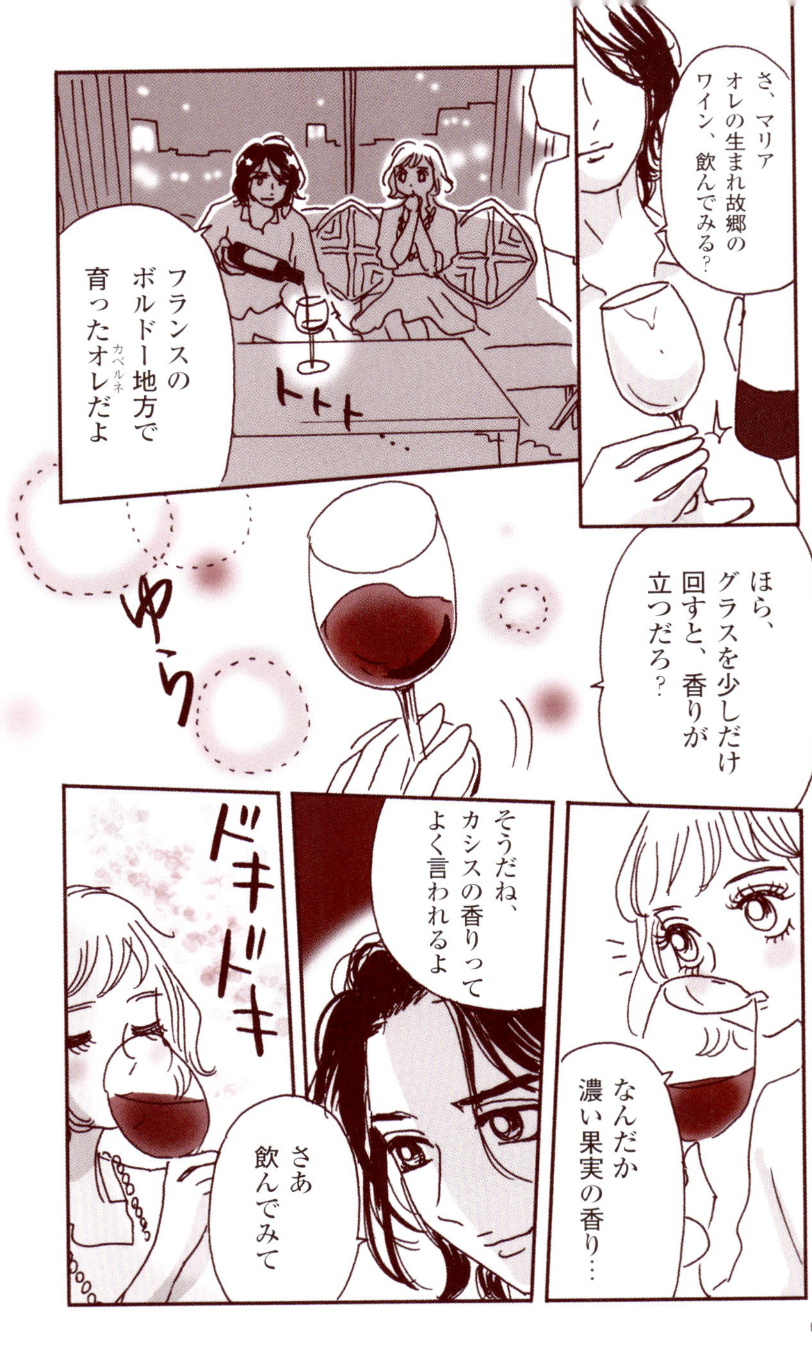
さ、マリア オレの生まれ故郷の ワイン、飲んでみる?
フランスの ボルドー地方で 育ったオレ《カベルネ》だよ
トトト
ほら、グラスを少しだけ 回すと、香りが 立つだろ?
ゆら
なんだか 濃い果実の香り…
そうだね、 カシスの香りって よく言われるよ
ドキドキ
さあ 飲んでみて

カベルネ
ソーヴィニヨン
コク
渋みが強くて……
でも飲みごたえがあるわ
タンニンが豊富※なのが特徴さ
ボルドー地方ではオレが中心になって
メルローやカベルネ・フランとチームを組むことが多いかな
ん？
メルロー？
カベルネフラン？
これがオレの仲間だよ

※「渋みが強い」ことを「タンニン（渋み）が豊富」というとスマート！

※カベルネ・ソーヴィニヨンは、イタリアではサンジョヴェーゼとブレンドされることもある

どうかした？
ううん
キュッ
じゃあ せっかく だから
食事も一緒に 作るよ
テキ パキ
なに作って くれるんだろ
ワクワク
よっと
ボワッ
サッ
デキる男は 料理もできる のね～！
ジャー
お待たせ
ヒレステーキ♪
わぁ
おいしそう

さ
食べてみて
いただきま〜す
ワインも
一緒に
味わって
もぐもぐ
ん!!
コクのある
ワインが
だろ?
お肉の
ボリューム感に
ぴったり!
幸せ
すぎる〜
はい
これも
ゴルゴンゾーラ
クセのある
チーズの香りも
このワインに
ハマるのね!
キャ
チーズ→ワイン→チーズ→ワイン
エンドレス!!

わぁ〜
テラスからの眺め最高！
ロマンティック
カベルネ意外と二の腕がガッチリしてるのね
細マッチョってやつ・・
キュン
プルルー
あ、ゴメンちょっと電話だ
誰から？
んっ
元カノ
ドキ
え…
元カノ…？

突然ですが
長い余韻が特徴のカベルネ
スタンダードなワインなので
飽きたかな？
コレも
こっちも♡
ほかの品種に浮気……でも、
コレも好き♡
でも…
あの余韻が忘れられなくて!!
あの渋みと酸味のバランスが最高だった！
カベルネやり直しましょ〜
と、戻ってくる恋人多数！
オレ、初めての彼氏がオレだっていう子が多くて
そうするとどうしても
ほかの男も試してみたいって気持ちが芽生えてくるみたいで……

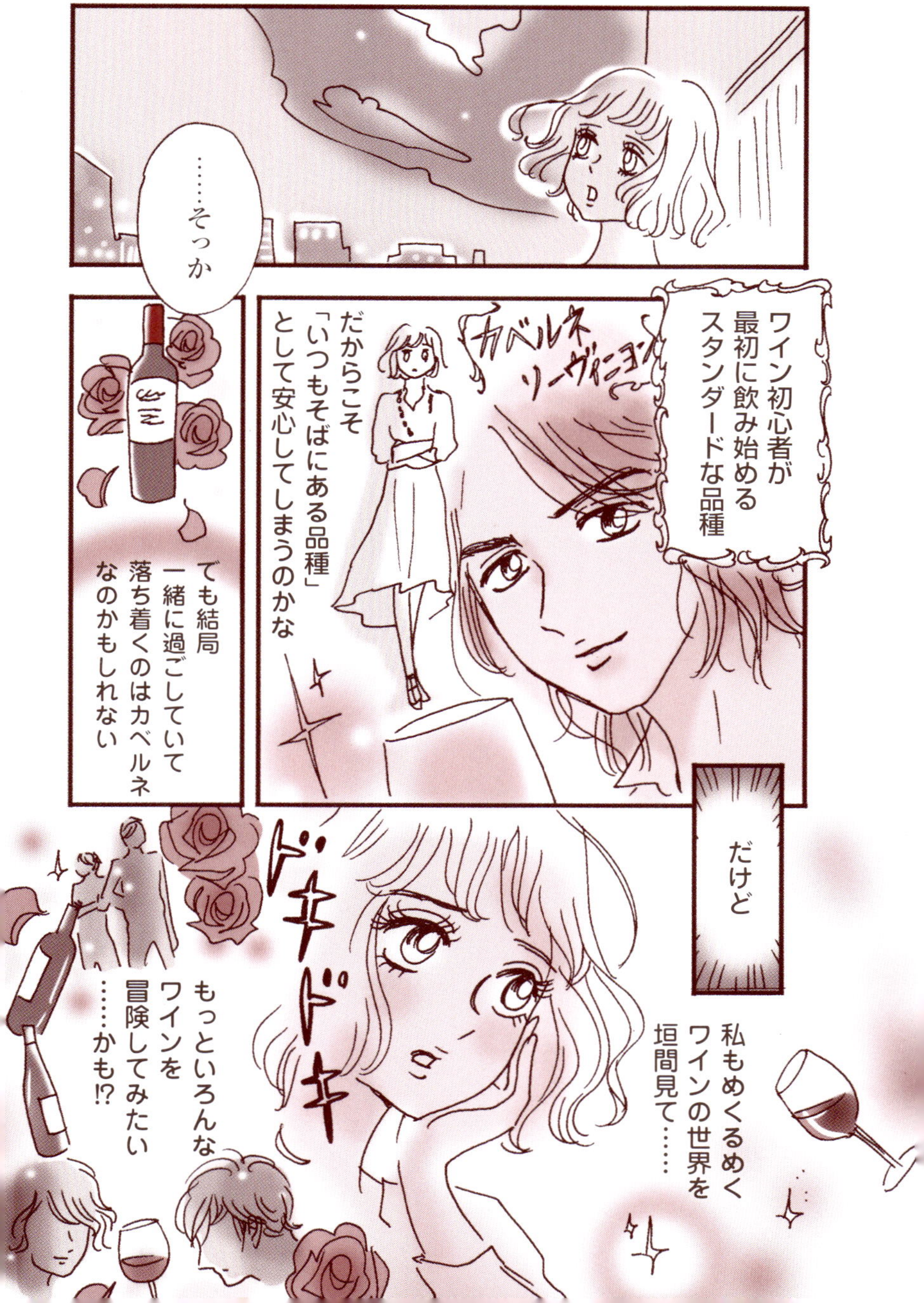
……そっか
ワイン初心者が
最初に飲み始める
スタンダードな品種
カベルネ
ソーヴィニヨン
だからこそ
「いつもそばにある品種」
として安心してしまうのかな
でも結局
一緒に過ごしていて
落ち着くのはカベルネ
なのかもしれない
だけど
私もめくるめく
ワインの世界を
垣間見て……
ドキドキ
もっといろんな
ワインを
冒険してみたい
……かも⁉

赤を味わう

「赤ワイン＝渋み」「白ワイン＝酸味」と覚えよう！

黒ぶどうから造ると赤ワイン 白ぶどうから造ると白ワインになる

赤と白の違いは、ぶどうの品種の違いと、造り方の違い。**果皮が黒い黒ぶどうを使うと赤ワイン、果皮が白い白ぶどうを使うと白ワイン**になる。また、**赤ワインは造る際に、黒ぶどうの種や果皮を一緒に発酵させる**。赤ワインの特徴である「タンニン（渋み）」は、種や果皮の中に含まれるため、ワインに渋みが感じられるようになる。ぶどうの品種によって、渋みが強くて重たい赤になる品種もあれば、渋みが弱く、マイルドな風味が楽しめるものもある。

対して**白ワインは、白ぶどうを搾ってジュースにしてから発酵させる**。そのため、ほとんどのワインに渋みは感じられない。白ワインを味わううえで意識したいのは「酸味」。酸味は特に冷やすと鮮明に感じられる。

ランチにはさわやかな白、ディナーにはリッチな赤を合わせたい

赤や白、ロゼやスパークリングワインも含め、
シチュエーションに合わせてワインの種類を選ぶとスマート。

＼ 黒ぶどうチーム ／

赤代表：カベルネ・ソーヴィニヨン

赤

渋み

タンニン（渋み）が主体で、濃厚な味わいのものが多いため、リッチな気分を盛り上げてくれるディナーが定番。牛肉やラムなどのがっつりした肉料理と相性◎。

＼ 白ぶどうチーム ／

白代表：シャルドネ

白

酸味

ランチタイムのお供に。キリッとした酸味が、さわやかな気分を演出してくれる。サラダや、オイル＆クリーム系のパスタなど、白や緑色の料理に合わせるといい。

ロゼ

赤と白の味わいを併せ持つロゼ。意外とどの料理にも合うので、万能なカジュアルワインとして楽しみたい。中華やエスニックなど、アジア系の料理にも合う。

＼ 白ぶどう ＆ 黒ぶどう ／

スパークリング

お祝いの席や、食事のスタートの乾杯ワインとして定番。基本的にどの料理にも合うので、コース料理をボトル1本で通すのもアリ。白ぶどうが主体のものと、黒ぶどうが主体のものがある。

ぶどうの品種によって「渋み」の強さが変わってくる

渋みが強いのは「カベルネ・ソーヴィニヨン」弱いのは「ピノ・ノワール」

赤

ワイン用ぶどうの中で、最も基本的な2品種「カベルネ・ソーヴィニヨン」と「ピノ・ノワール」。カベルネはどっしりとした重さが特徴のワインで、渋みも強い。ピノ・ノワールは渋みが弱く、すっきりとした酸味があるのが特徴。ワインの色も透き通ったルビー色をしている。もう1種の定番「メルロー」も、比較的まろやかな渋みで飲みやすい。

実は**渋みの元は、ぶどうの果皮に含まれるタンニン**。カベルネは皮が厚くて色が濃く、小粒のぶどうで、ワインの渋みも強くなる。対して、ピノ・ノワールは果皮が薄く、やや淡い色をしている。**渋みにワインの劣化を防ぐ効果があるため、長期熟成ができるワインは、基本的に渋みの強いぶどうで造られる**。そして、長期熟成されたワインの渋みは、かどが取れてまろやかになる。

渋みの強さとワインの関係性

ぶどうの品種によって、ワインの渋みの強さも変わってくる。
ちなみに、表現するときは「タンニン（渋み）が豊か」と言うとスマート。

強 ← 渋み ― 弱

赤ワインの代表的なぶどう

カベルネ・ソーヴィニヨン

味　渋みが豊かで、どっしりとした重さがある

色　深みのある赤紫色（ガーネット）

果皮が厚くて色が濃い、小粒のぶどう

メルロー

味　おだやかな渋みとなめらかな飲み心地

色　深みのある赤紫色（ガーネット）

果皮は色が濃く、カベルネより薄い。中粒のぶどう

ピノ・ノワール

味　渋みが弱く、すっきりとした酸味がある

色　透き通った赤色（ルビー）

果皮が薄くてやや淡い色をした、小粒のぶどう

ワインの「ポテンシャル」とは？

高級ワインの代名詞、フランス・ボルドーの「五大シャトー」は、カベルネ・ソーヴィニヨンとメルローなどをブレンドした「ボルドー・ブレンド」で有名。渋みの豊かさが持ち味のため、若いうちは渋すぎて飲みにくい。そのため、十年〜数十年かけて熟成させる。結果、荒々しさが抑えられ、しっかりとした骨格を持ちつつも、なめらかな味わいのワインになる。

ワインの持つポテンシャルとは、長期熟成で、いかに味に深みや複雑性を持たせられるかどうか。つまり、渋みの豊かさは、ワインが持つポテンシャルの高さとも言える。そのため、渋みの豊かなカベルネは長期熟成の高級ワインになりやすい。

赤を味わう

「ボディ」は、ワインを選ぶときの味わいの目安

「渋み」や「コク」が増すほど、濃厚な味わいに

ワ

インボトルに記載されている**「ボディ」は、味の濃厚さを表す表現。「渋み」や「コク」などが増えるほど、飲みごたえを感じるようになる。**最も濃厚な味わいは「フルボディ」。見た目も濃く、口に含んだときの味にふくらみがあり、余韻も長い。フルボディのワインは、カベルネ・ソーヴィニヨンやシラーなどの、渋み成分の多いワインが代表。「ライトボディ」は、透き通った赤色でフレッシュ感のあるワイン。口当たりがなめらかなピノ・ノワールなどが代表。「ミディアム」はその中間で、バランスのいい渋みやコクが特徴だ。

ただし、「ボディ」の表現方法には明確な規定がなく、店頭のワインラベルの表現は、メーカーが主観でつけている場合も多い。あくまで、選ぶ目安として覚えておきたい。

ライトボディ〜フルボディの味わいの変遷

熟成の度合いやぶどうの品種によって、味わいの濃厚さが変わる。
熟成された高級ワインは、フルボディとして表現されることが多い。

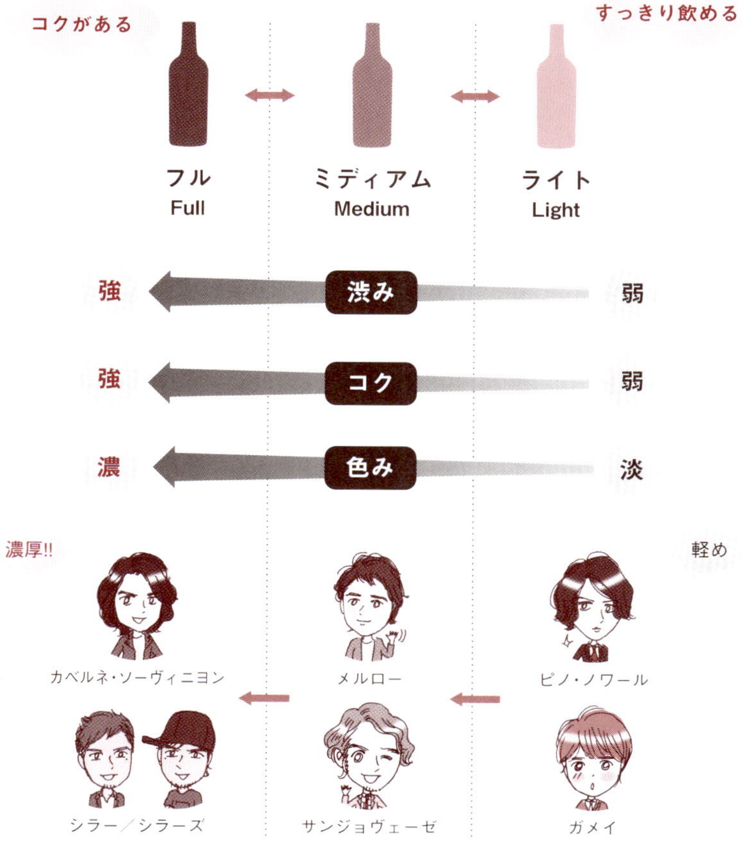

同じぶどうでも育った地域で味が変わる

暖かい地域で育てると果実味が増す

同じぶどうでも、世界各地で育てられることで、各国の気候に応じた様々な個性を発揮するようになる。特に、アメリカやチリなどの**温暖なエリアで育てられたぶどうのワインは、果実味が増し、フルーティになる。**渋みもまろやかで、初心者にとっては飲みやすいことが多い。フランスなど、北ヨーロッパの**冷涼な気候になるほど、果実味はおだやかになる。**

また、ぶどうの品種の性格自体も、産地の気候によって変わると言える。同じフランス国内でも、やや南にあるボルドー地方産のカベルネ・ソーヴィニヨンやメルローは、南らしくしっかりした骨格にふくよかさが特徴。やや北のブルゴーニュ産のピノ・ノワールは、冷涼な気候らしく、すっきりとさわやかな飲み口だ。

温暖になるほど、果実味が増す

フランス産のカベルネ・ソーヴィニヨンが、アメリカやチリなどの
温暖なエリアで育てられると、果実味が強くなり親しみやすくなる。

例えば　**カベルネ・ソーヴィニヨン**

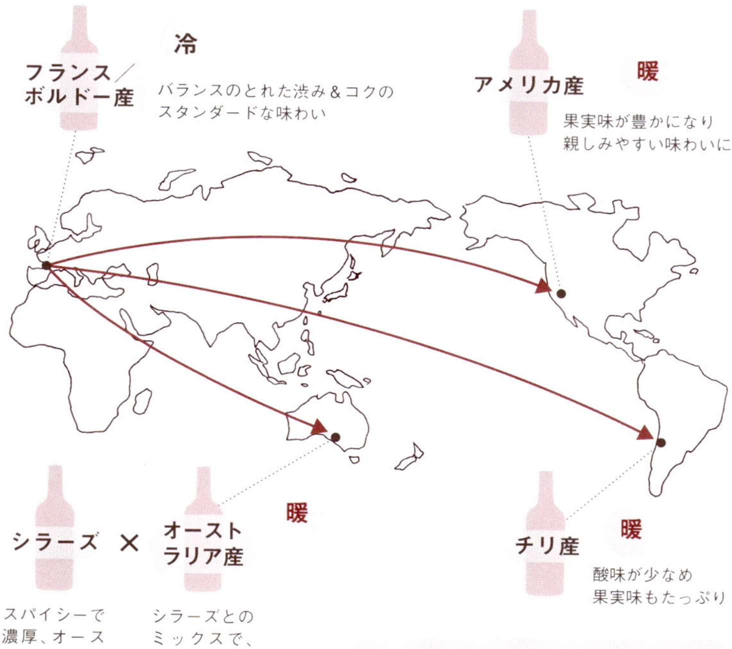
スパイシーで濃厚、オーストラリア定番の赤
シラーズとのミックスで、さらにパワフルな味わいに

北半球は南下するほど温暖に、
南半球は北上するほど温暖になる。

赤を
味わう

赤ワインには赤色の料理を合わせる

重めのカベルネはしっかりビーフ 軽やかなピノはあっさりチキンを

「赤ワインには肉、白ワインには魚」という定番の図式があるが、**「赤ワイン」といっても、品種や生産地によって味わいは異なる**。複雑なマリアージュ（ワインと料理とのおいしい組み合わせ。フランス語で〝結婚〟）を覚えるのが難しいなら、**単純に「色で合わせる」**と覚えておいてもいい。

赤ワインには、赤や茶色っぽい料理。特に、ピノ・ノワールに代表されるライトな赤は、まぐろなど赤身の魚料理と合わせてもＯＫ。また、たれのかかったうなぎの蒲焼きなどは、まろやかさが特徴のメルローとの組み合わせが定番。カベルネ・ソーヴィニヨンなどの重厚な赤は、やはりステーキや煮込みなど、しっかりとした肉料理に合わせたい。

赤には赤い料理を合わせる

濃厚な味わいが特徴の赤ワインは、ディナーにおすすめ。
同じく濃厚な味わいの、赤＆茶色っぽい料理を合わせて。

赤ワイン

×

赤色・茶色っぽい料理

- 肉料理
- タン・ホホ肉の煮込み
- ソーセージ・ハム
- トマトソース系の料理
- まぐろ
- うなぎの蒲焼き など

●代表的な赤ワイン×料理

ワイン	味わい	料 理
カベルネ・ソーヴィニヨン	重め	ステーキ、ハンバーグ ビーフシチューなどの煮込み
メルロー	重め	ステーキ、ローストビーフ、 うなぎの蒲焼き、ラム肉
ピノ・ノワール	軽め	鴨肉やチキン、ポークなど ライトな肉料理、まぐろ
シラー／シラーズ	重め＆スパイシー	BBQやジビエなど、 スパイシーな肉料理
サンジョヴェーゼ	やや重め	トマトソースのパスタ、 チキンのトマト煮込み
テンプラニーリョ	重め	焼き鳥（たれ）、 肉を使ったアヒージョ
ガメイ	軽め	ハムのサンドイッチなど軽食、 いちごのケーキ
マスカット・ベーリーA	軽め	肉じゃが、牛すじの煮込み、 煮物などしょうゆやみそ系

知っトク!
ワイン用語
1

「スパークリングワイン」

「スパークリングワイン」＝「シャンパン」ではない

「シャンパン」はシャンパーニュ地方のワイン

スパークリングワインの中でも、「シャンパン」と呼ばれるのは、フランスのシャンパーニュ地方で造られたもののみ。シャンパーニュ地方のワインは、他のスパークリングワインと比べて、品種や熟成期間、炭酸の強さなどに厳しいルールがあり、それをクリアしたワインだけを、「シャンパン」と呼ぶことができる。

使うことができるのは主に3品種で、白ぶどうのシャルドネ、黒ぶどうのピノ・ノワールとムニエ（シャンパンによく使われるブレンド用ぶどう）。白ぶどうだけで造ると「ブラン・ド・ブラン（白の中の白）」、黒ぶどうだけで造ると「ブラン・ド・ノワール」と呼ばれる。ブラン・ド・ノワールは、ややピンクがかった色みで、コクのある味わい。

自宅用には高コスパの「カヴァ」や「プロセッコ」

シャンパンは、お祝いごとに使われることも多いので、贈り物にもおすすめ。有名なのは、シャンパンの製造方法を確立した老舗メゾン「モエ・エ・シャンドン」や、そのプレステージ・キュヴェ（上級クラス）「ドン ペリニヨン」など。「ドン ペリニヨン」は、長期の熟成期間を経てから販売されるなど、味の複雑性にも定評がある。

ただ、デイリーに自宅などで楽しむには、価格のわりにハイクオリティな味わいの、スペインの「カヴァ」がおすすめ。シャンパンと同じ製法で造られていて、全体的に高品質。フレッシュな爽快さが持ち味だ。リーズナブルなので、気軽に飲むことができる。同じく、イタリアの泡（スプマンテ）で「プロセッコ」も有名。

2杯目

Red

MERLOT

メルロー

やわらかな渋みと
なめらかな飲み心地で
ワイン初心者の心をつかむ、
人気の赤。
プロフィールはP.12へ！

職業 実業家

桜も、もう終わりね…
あっ
ニコ☆
マリアちゃん!
ええっ
誰!?

※P.34参照

僕はメルロー！
カベルネ・ソーヴィニヨン※が君との写真を見せてくれたんだ
確かに二人で写真を撮ったかも…
そーいえば
あ！
私もあなたとカベルネとの写真を見たわ
そう！
パチン
僕はカベルネのビジネス・パートナー！兼、親友★
ということはあなたも……
そう僕も〝メルロー〟っていうワイン
カベルネとよくブレンドされるよ

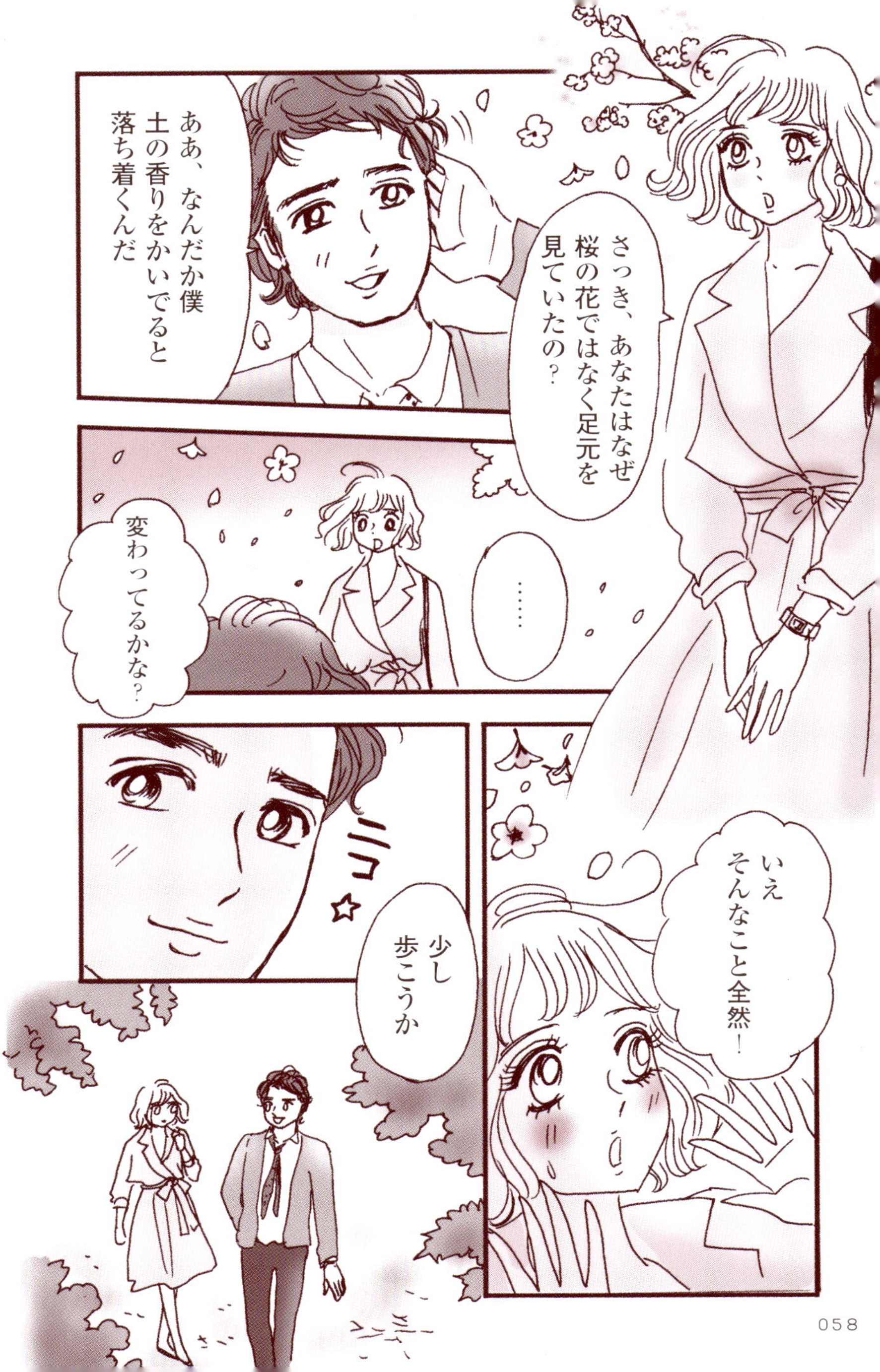
さっき、あなたはなぜ桜の花ではなく足元を見ていたの？
ああ、なんだか僕土の香りをかいでると落ち着くんだ
……
変わってるかな？
いえ そんなこと全然！
ニコ
少し歩こうか

大体、僕たちはカベルネを主体にブレンドされるんだ
カベルネはすばらしいぶどうなんだけど
たまに彼は渋すぎたり重すぎたりすることがあるから
まろやかさが特徴の僕と一緒になるといい感じになるんだ
僕と一緒にビジネスすれば
「ボルドー・ブレンド※」っていう、すばらしいブレンドワインになれるんだよ
ボルドー？ ああ、カベルネの故郷ね
そう、僕とカベルネは同郷なんだ
ブレンドワインとしては僕はカベルネのサポート役
だから僕のことサポート専門だって思う人も多いかもしれない
カベルネも一緒に仕事するって言ってた※な～
……

※フランス・ボルドー地方で定番のカベルネとメルローが主体のブレンドワイン

※ P.37 参照

ここ
僕の行きつけのお店なんだ
ちょっと食事でもどう?
そんな…
いいから
ごちそう
させてよ
スッ
あっ
キュッ
ドキッ

はい
お待たせ
しました
あと
いつもの
お願い
します
飲んでみてよ
カベルネとも
通じる、ブラックの系の
ベリーの香り
コク

わあっ
飲みやすい！
見た目よりもフルーティな感じ
あれっなんだかこの人……
こんなに素敵だったっけ……
それは僕単独で造られたワイン
メルローの特徴はまろやかさ
渋みや酸味が主張しすぎず果実味もあって
バランスのとれた味わいが魅力って言われてるよ

たしかに……なんだか
包み込まれるような
味わい……
失礼します
あっ
きたきた！
えっ
コト
お重!?
意外かも
しれないけど
僕と楽しむには
ぴったりの料理だよ
ここのは特に
おいしいんだ
カタ

キャ～♡
おいしそ～
ぎっちり詰まったうなぎ！
パク
ん～♡
あ
合う！
すごく合うよ！
メルロー！
うなぎ！
メルローの優しい感じがうなぎにぴったり！
僕のおだやかな渋みと脂ののったうなぎとのマリアージュ※がなんとも言えないだろ？
うんうん

※ワインと料理とのおいしい組み合わせのこと

※①メルローはよく「湿った土の香り」がすると言われる

夜は
ひんやりするね
クシュン
フワッ
なんだか森の中にいるみたい懐かしいにおい……
カーディガン
あっ、これは土の香り……！
土の香りをかいてると落ち着くんだ
メルロー これは あなた自身の香り※①なのね

※②ボルドー地方の「ペトリュス」「ル・パン」などは、メルロー主体の高級ワイン

僕の魅力少しはわかってくれた？
メルロー、私はあなただけの魅力ちゃんと気づいてるよ……！
フランスでも、僕がメインで造られている※②ワインはたくさんあるんだよ

知っトク! ワイン用語 2

「ロゼワイン」

デイリーワインとして万能なロゼ

様々な造り方があるロゼワイン

ロゼワインの製造方法は、主に「直接圧搾法」と「セニエ法」と呼ばれる2つ。赤ワインと白ワインを混ぜて造ると思われがちで、ごく一部そうやって造られるワインもあるが、基本は、フランスのシャンパーニュ地方でしか、その造り方は許可されていない。

「直接圧搾法」は、黒ぶどうをタンクに入れて搾り、果皮の色で軽く色づいた果汁を発酵させるというもの。白ワインと同じような造り方で、軽い味わいのロゼになる。また、「セニエ法」は、黒ぶどうの果皮と種子を一緒に漬け込み発酵させるという、赤ワインと同じような造り方。ある程度色づいた段階で果汁を抽出し、引き続き発酵させる。こちらは、赤ワインに近い重めの味わいになる。最近は、「直接圧搾法」の軽やかなロゼが人気。

マリアージュ(料理との相性)の幅広さはダントツ!

今、世界でロゼがブームになっている。ワインの本場・フランスや、流行の発信地・ニューヨークでも、ロゼの消費量が伸びているとか。赤ワインのコクと、白ワインの軽やかさを両方味わえるのがロゼ。幅広く、いろいろな料理に合わせられるのがブームのきっかけだ。

どの料理にも合わせやすいスパークリングワインをレストランのコースで味わうとしたら、ロゼはカジュアルに楽しむ普段着のワイン。辛口を選べば、肉料理はもちろん、和食のだしやしょうゆ、スパイスやハーブのきいた中華やエスニック料理にも合わせられる。ティータイムには、甘口のロゼと、ベリー系のスイーツを合わせたい。

3杯目

Red

PINOT NOIR

ピノ・ノワール

豊かな酸味と軽やかな
飲み心地が特徴の
繊細でエレガントな赤。
余韻はバラの香り。
プロフィールはP.14へ！

職業 音楽家

TONIGHT
孤高のバイオリニスト ピノ・ノワール
うわ～
けっこう混んでるのね 大人気みたい
行けなくなった友達にもらったバイオリンコンサートのチケット
ワインを飲みながら聴くコンサートって聞いて、楽しみにしてきたんだけど
この席ね
予備知識ゼロ……
ピノ・ノワールのことも全然わからないけど大丈夫かな？
女性ファンが多い!!

パッ
ザワ
ザワ
カッ
カッ
カッ
彼が
ピノ・ノワール
ドキン

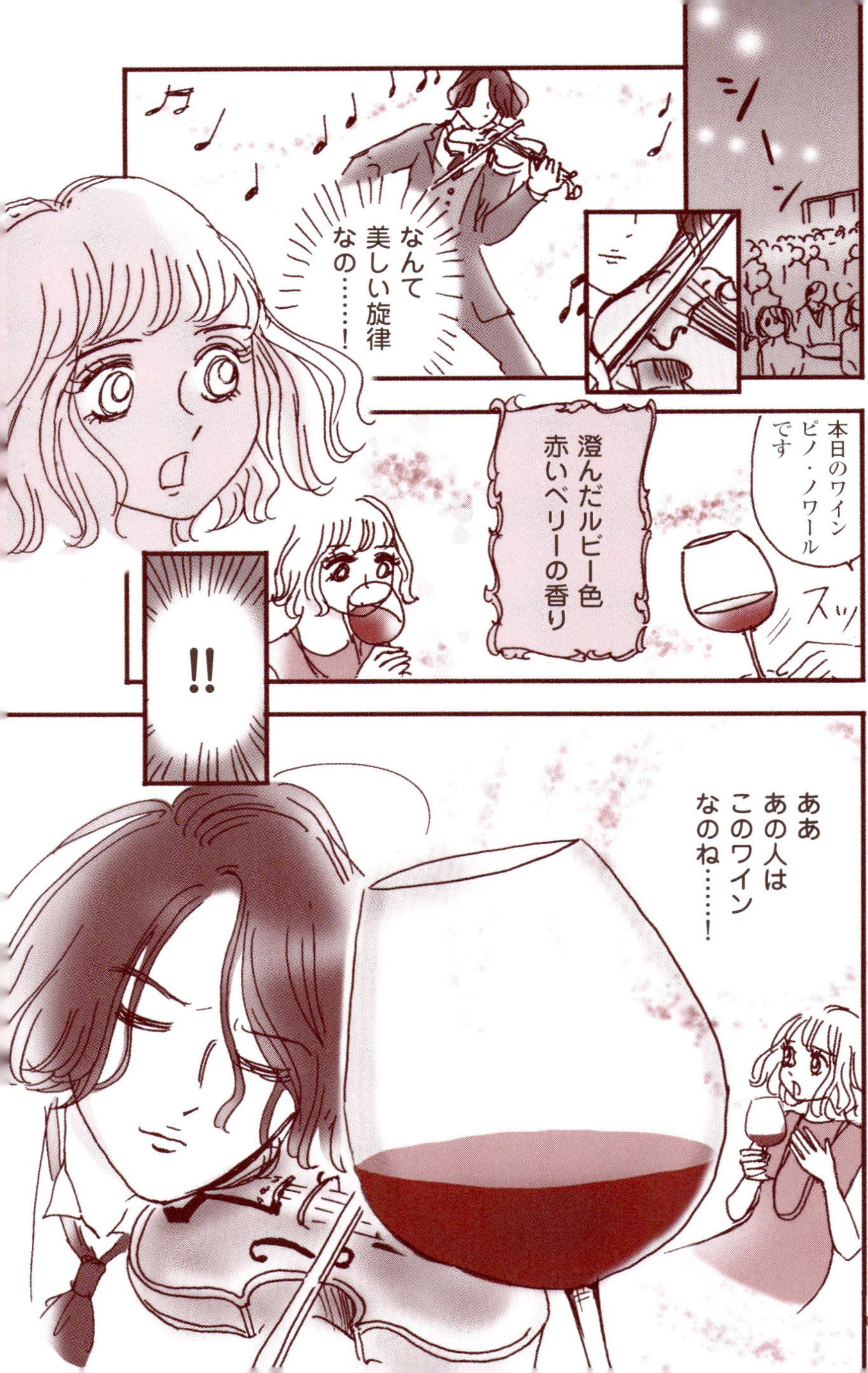
シーン
なんて美しい旋律なの……!
本日のワイン ピノ・ノワールです
スッ
澄んだルビー色 赤いベリーの香り
!!
ああ あの人は このワイン なのね……!

豊かな酸味
あくまでライトな
飲み口……
あまりにも
ふくよかな
香り
私……
ひとめぼれした
みたい
もう終わっちゃった
ガタ
素敵な時間が
またたく間に
過ぎ去り……
今夜もよかったわね〜
ピノはいつも
ソロ
コンサートね
でも、私は
ピノがいるだけ
で十分!
ソロでこそ
彼は輝くわ
ブルゴーニュの
テロワールを
感じる、いい
コンサート
だったわね
ピノ・ノワール
大人気なのね……
わかる気がする

素敵な旋律だったなあ
まだ余韻が残ってる……
え
彼は……
ピノ・ノワール？
あのっ
すみません ピノ・ノワールさんですよね？
今日のコンサート
すごく感動しました！
ドキドキ
ヤダ なんだか気持ちが止まらない
……私！

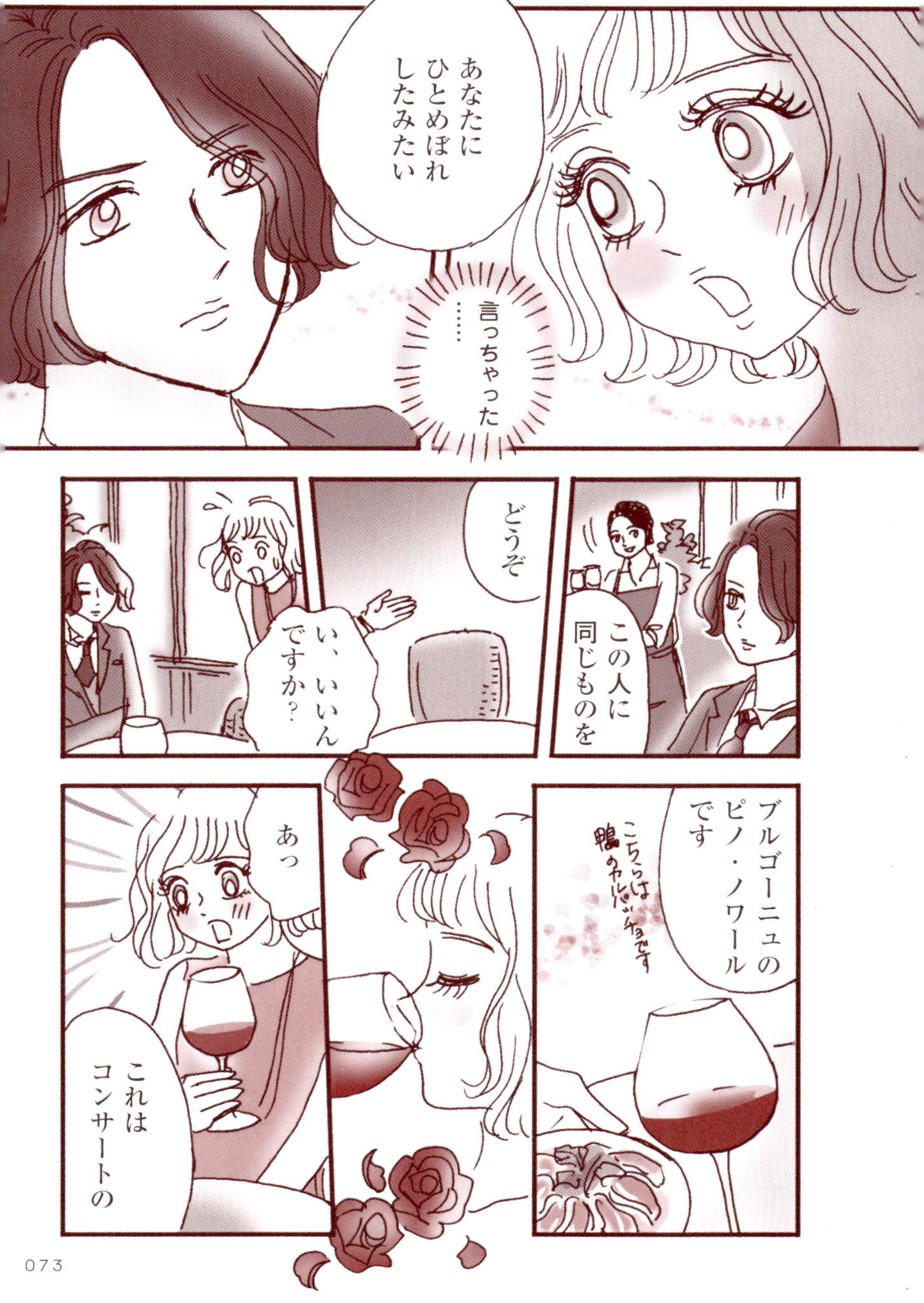

あなたにひとめぼれしたみたい
……言っちゃった
この人に同じものを
どうぞ
い、いいんですか？
ブルゴーニュのピノ・ノワールです
こちらは鴨のカルパッチョです
あっ
これはコンサートの

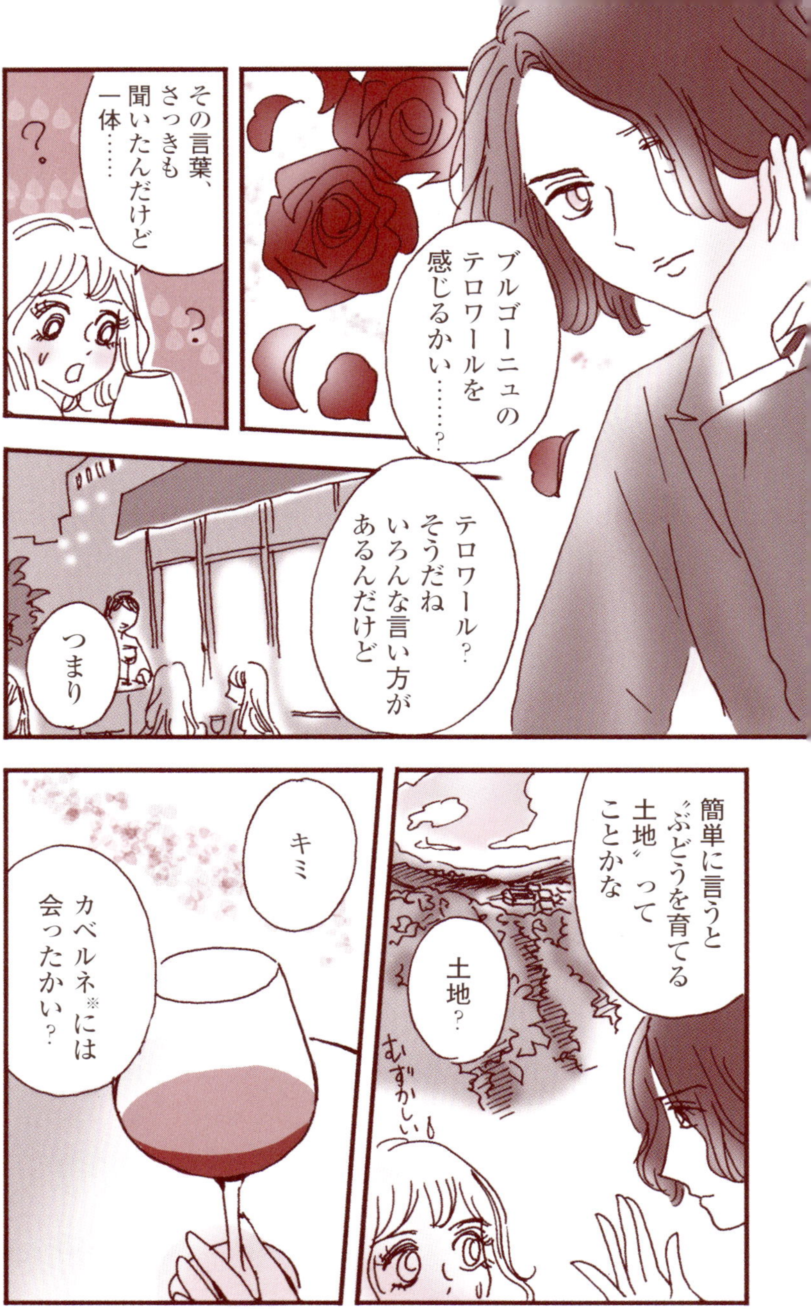
ブルゴーニュのテロワールを感じるかい……？
その言葉、さっきも聞いたんだけど一体……
？
？
テロワール？そうだね いろんな言い方があるんだけど
つまり
簡単に言うと〝ぶどうを育てる土地〟ってことかな
土地？
むずかしい
キミ
カベルネ※には会ったかい？

※ P.34 参照

会いました！
……知り合い？
彼とは同じ国の出身なんだ
彼はフランスのボルドー地方
僕はブルゴーニュ地方の出身
フランス
ブルゴーニュ
ボルドー
ボルドーワインの醸造所のことを「シャトー（お城）」って言うんだけど
ブルゴーニュでは「ドメーヌ（所有地）」って言って……
ボルドー
シャトー
ブルゴーニュ
ドメーヌ
ぶどうを作る土地がワインの味を左右するという考え方なんだ
へえ
「シャトー」と「ドメーヌ」ね……
〝テロワール〟はそんな土地の気候や風土壌の雰囲気をワインに感じることを言うんだよ
ふ、うーん
テロワールかあ……

ん！
そのとき、頭の中に広がったのは
ブルゴーニュのぶどう畑⁉
ガタ
Côted'or
僕の出身は「コート・ドール※」〝黄金の丘〟って呼ばれるぶどう畑

※ブルゴーニュの有名ドメーヌが集まる土地

ぴキューン
いつか君にも来てほしいな
また会おう
これがハートを揺さぶられるピノ・ノワールとの出会いだった
は……はいっ
バラの残り香が

国で選ぶ赤
～旧世界編～

スタートはチリ
ゴールはフランスワイン

スーパーで買えるワンコインワインは、大体「新世界」産

スーパーマーケットなどで購入できる1000円前後のリーズナブルなワイン。これらのワインを見てみると、**後発的にワインを造り始めた「新世界（ニューワールド）」産**がほとんど。新世界に属するのは、アメリカをはじめ、オーストラリア、ニュージーランド、チリ、アルゼンチン、南アフリカなど。**ヨーロッパのワインに比べ、果実味やボリュームがしっかり感じられ、飲みやすい**のが特徴だ。全体的にリーズナブルなのは、画一的な製造ラインで大量生産することができるため。万人受けする代わりに、個性を感じるのが難しいものもある。

ただ、大量生産だからこそ、どのワインも一定のクオリティは満たしている。よくわからないヨーロッパ産のワインを買うよりも、同じ価格帯の新世界の有名メーカーのワインを買った方が、

失敗は少ないはず。アメリカの「オーパス・ワン」、オーストラリアの「ペンフォールズ」など、新世界で数々の高級ワインが生み出されていることも知っておこう。

また、**新世界産のワインは、ひとつのぶどうでワインが造られる単一品種のワインが比較的多い。**初心者がぶどうの味わいを単独で確かめたいときなどは、新世界産から始めるのがおすすめ。

ワイン好きがたどり着く「旧世界」ワインの魅力

対して、**昔からワインを造ってきたヨーロッパ諸国は、「旧世界」**と呼ばれる。主にフランス、イタリア、スペイン、ドイツなど。特にフランスは、ワインを知るうえでは必須の産地。**旧世界のワインは、生産者の個性や、育った土地の気候や土壌を色濃く反映しているものが多い。**そのためセレクトも難しく、当たり外れが大きいのも事実。しかし、その複雑な味わいや繊細な香りこそ、ワイン好きの心をつかんで離さない、ワインの奥深さであり、面白さだ。

ただ、わかりやすい新世界のワインに比べ、初心者が複雑な味わいの旧世界のワインを飲んでも、すぐに魅力を感じることはできないかもしれない。まずは基本的な知識を身につけ、いろいろなワインを飲み続けることによって、徐々にその奥深さがわかってくるだろう。

国で選ぶ赤 〜旧世界編〜

高級ワインからリーズナブルワインまで、全てのワインがあるフランス

フランスワインの2大産地「ボルドー」「ブルゴーニュ」を押さえよう

ワインの一大産地・フランス。中でも、初心者が押さえておきたいのは「ボルドー」と「ブルゴーニュ」地方。**基本的に、新世界産（P.78）のワインの多くは、この2つの産地にならって造られている**、と言っても大げさではない。

ボルドー地方で栽培される赤ワイン用ぶどう品種は、**カベルネ・ソーヴィニヨンとメルロー**。**基本的に2〜3種のぶどうをブレンドして造る「ブレンド」ワインが主流**。ブルゴーニュ地方の赤ワインは、**ピノ・ノワール**。**単独でワインに使用されるぶどうの代表**だ。

そのほか代表的なところでは、「ボジョレー・ヌーボー」で有名なボジョレー地方で造られるガメイや、ローヌ地方のスパイシーな味わいが特徴のシラーなどが挙げられる。

フランスワインのProfile ＜赤＞

全土にワインの産地が散らばるフランス。
各地域の気候や風土に合わせて、様々なぶどうを育てている。

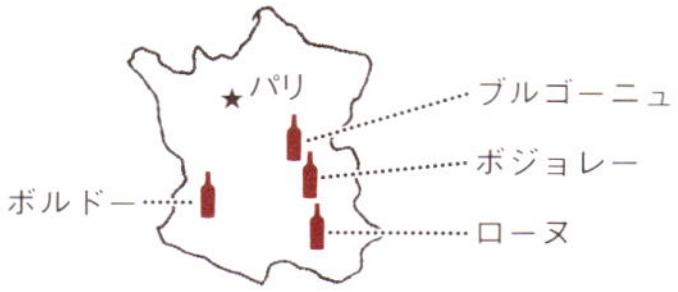

代表的な産地	ぶどう	どんなワイン
ボルドー	カベルネ・ソーヴィニヨン メルロー カベルネ・フラン	カベルネ・ソーヴィニヨンを主体とした、どっしりとした味わいのブレンドワインが主流。
ブルゴーニュ	ピノ・ノワール	ピノ・ノワールと言えばブルゴーニュ。ピノ・ノワールのみを使用した単一品種のワインが主流。
ボジョレー （ブルゴーニュ地方の南部の地域）	ガメイ	日本でも有名な「ボジョレー・ヌーボー」は、ガメイというぶどうを使用した単一品種のワイン。
ローヌ	シラー グルナッシュ	オーストラリアの「シラーズ」は、元々「シラー」。重厚さに加え、フランス産はエレガントで繊細。

ワインの格付け A《エー》.O《オー》.C《シー》. フランスワインのランク付けの方法。ワインの醸造方法や品種のラベル表示に厳格な規定があり、他国のお手本（P.124参照）。

ワインの全てがある！

フランスワインMAP

赤の定番・ボルドー＆ブルゴーニュをはじめ、スパークリングワインの元祖・シャンパーニュ、白も辛口から甘口までそろう。フランス全土のワイン事情を、知っておくだけでも、ワインの知識が深まるはず。

ドイツワインに似ている アルザス

ドイツとの国境に近いアルザス地方では、栽培品種もドイツワインに近い。ドイツでは甘口が主流の白「リースリング」は、ここではキリッとした辛口に造られる。

アルザスでは
辛口になるよ

洗練された味わい ブルゴーニュ

フランスワインの２大産地のひとつ。赤はピノ・ノワール、白はシャルドネと、単一品種で造られるワインが多い。洗練された味わいの高級ワインを数多く生み出す。

親しみやすい！ ローヌ

北部では、スパイシーな味わいの赤「シラー」。南部では、ジャムのような甘い香りの赤「グルナッシュ」がメイン。比較的カジュアルに飲めるワインが多い。

赤ワイン　白ワイン

黒ぶどうの
シャンパンも
あるよ
ピノ・ノワール
シャンパン
と言えば僕だよ
シャルドネ
パリ
デイリーに
飲める
辛口の白です
ソーヴィニヨン・
ブラン
ガメイ
飲むなら
今でしょ！
ボルドーでは僕も
ブレンドスタイル
ソーヴィニヨン・
ブラン
僕ら／オレたち
ビジネス・パートナー！
メルロー
カベルネ・ソーヴィニヨン

シャンパンの生産地
シャンパーニュ

スパークリングワイン「シャンパン」の産地。白のシャルドネとピノ・ノワールのブレンドで造られる場合が多い。白ぶどうだけで造ると「ブラン・ド・ブラン」と呼ぶ。

スッキリ辛口の白
ロワール

ソーヴィニヨン・ブランで造る、辛口の白が有名。日々の食卓に置かれるような、カジュアルなワインになることが多い。

重厚な赤が主役
ボルドー

フランスワインの２大産地のひとつ。カベルネ・ソーヴィニヨンとメルローを中心に、重厚な赤ワインを造る。白のソーヴィニヨン・ブランも、セミヨンなどとのブレンドワインになる。

ボジョレー・ヌーボーと言えば
ボジョレー

ブルゴーニュ南部にあるボジョレー地区は、新酒のボジョレー・ヌーボーで有名。ガメイというぶどうで造られる、ライトな味わいの赤。

国で選ぶ赤
〜旧世界編〜

「骨格しっかりめの赤」ならボルドー地方

カベルネ×メルローのゴールデンコンビが大活躍!

フランス・ボルドー地方のぶどうと言えば、カベルネ・ソーヴィニヨン。しっかりした骨格でタンニン（渋み）が豊か。世界中で愛されている、赤ワインの定番だ。**カベルネを主体にメルローをブレンド、さらにカベルネ・フランという黒ぶどうを加えたワインは、「ボルドーブレンド」として有名。**ボルドーではほとんどのワインが、ブレンドして造られている。

中でも著名なのは、**「五大シャトー」と呼ばれる、高級ワインの醸造所。**なかなか飲む機会はないので、名前を覚えておくだけで十分だが、**五大シャトーのうち4つのシャトーがある「メドック」**という地区名のワインも高品質であることが多いので、ワインを選ぶときの参考に。また、メドック内の村で、シャトーがある「ポイヤック」「マルゴー」などの村名ワインもある。

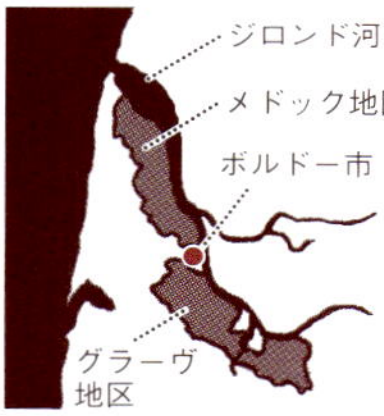

ボルドーワインの最高峰「五大シャトー」

五大シャトーのうち４つが、ボルドーの「メドック地区」にある。さらに、村の名前を記載したワインも、「村名ワイン」として有名。

地区	シャトー	どんなシャトー
メドック地区／ポイヤック村	シャトー・ラフィット・ロートシルト	世界最高峰と言われる、五大シャトーの筆頭。長期熟成したワインの繊細さとエレガンスは、ほかに類を見ない。
	シャトー・ラトゥール	「不作知らず」と言われるほど、安定して高品質のワインを造り出している。どっしりとしたタンニンの、フルボディを代表するワイン。
	シャトー・ムートン・ロートシルト	ムートン（羊）がモチーフのアートラベルで有名。歴代、ピカソやシャガールなど、著名な芸術家が手がけてきた。(P.239参照)
メドック地区／マルゴー村	シャトー・マルゴー	「フランスワインの女王」と呼ばれるワイン。エレガントな飲み口が特徴。ヘミングウェイが愛したことでも知られる。
グラーヴ地区	シャトー・オー・ブリオン	ボルドー最古の歴史を誇る。フランス敗戦の折、講和条約の晩餐会でふるまわれ、有利な条約が結べたとして、「フランスの救世主」と呼ばれた。

「シャトー」とは

ワインの醸造所のこと。ぶどう畑を所有し、ぶどうの栽培、ワインの醸造、出荷までを全て手がける。ボルドーに約8,000あり、オリジナル性の高いワインを造る。その名前の通り、お城（シャトー）のような立派な建物の場合が多い。

国で選ぶ
赤
～旧世界編～

「洗練された赤」を味わうならブルゴーニュ地方

孤高の星、ピノ・ノワールが人々を魅了する！

ブレンドワインが主流のボルドー地方と違い、**ブルゴーニュ地方は基本、1種類のぶどうでワインを造る。そのほとんどは、赤のピノ・ノワールと白のシャルドネ。**

ピノ・ノワールは気候や土地に左右されやすい繊細なぶどうで、病気にも弱い。非常に栽培しにくく失敗も多いが、成功したときは、多くの人を魅了するすばらしいワインになる。もちろん、ほかのぶどうとのブレンドはもってのほか。単一品種で造るのが最もよい味わいを生むとされている。特にブルゴーニュの「コート・ドゥ・ニュイ」地区と「コート・ドゥ・ボーヌ」地区は、合わせて**「コート・ドール（黄金の丘）」**と言われ、世界最高峰のピノ・ノワールを生み出している。世界一高級な赤ワイン「ロマネ・コンティ」を生む「ドメーヌ・ド・ラ・ロマネコンティ（D.R.

C.）」の畑もこのエリア。まさに黄金を生み出すエリアだ。

ボルドーの「シャトー」とブルゴーニュの「ドメーヌ」

ボルドーでは、醸造所を「シャトー（城）」という名前で呼ぶ。その名の通り、お城のような建物で、広大な敷地にワイナリーを構え、大規模な設備を備えているところが多い。

ブルゴーニュでは、「シャトー」とは言わず、代わりに「ドメーヌ」と呼ぶ。ボルドーと同じく、ぶどう畑を所有し、ぶどうの栽培、醸造、熟成、瓶詰めまでを自分たちで行っている生産者のことだ。「所有地」というドメーヌの元々の意味の通り、家族経営の小規模経営のところが多く、生産量もあまり多くない。

また、一番の違いは、**ボルドーでは「シャトー」も格付けの対象になるのに対し、ブルゴーニュは「村」や「畑」といった産地が対象になる**こと。つまりボルドーでは「シャトー◯◯」を選べば問題はないが、ブルゴーニュでは、1つの「畑」を複数のドメーヌが所有していることもある。そのため、ワインを選ぶ際には、「グラン・クリュ（特級畑）」「プルミエ・クリュ（一級畑）」という格付けだけでなく、「どのドメーヌが造ったのか」ということも、重要視されることになる。

国で選ぶ
赤
〜旧世界編〜

個性豊かなワインの宝庫
ワインが大好きな国、イタリア

「キャンティ」のトスカーナと「バローロ」のピエモンテ

地中海に面した温暖な気候のイタリアは、ぶどうがたいへん育ちやすい土地。フランスとも、ワインの生産量の世界一、二位を争う間柄。古くから全土でワイン造りが行われ、その土地ごとにワインが造られてきた結果、土着品種と呼ばれるぶどうは、2000種類を超える。各地を旅すれば、郷土料理のようにその土地のワインに出会うことができる国だ。

多種多様なバリエーションがあるイタリアワインは、全ての品種を覚えることは難しい。代表的な2種に絞るなら、**「キャンティ」で有名な、トスカーナ地方を代表する品種・サンジョヴェーゼ**と、**「バローロ」になるピエモンテ地方・ネッビオーロ**。料理への合わせ方に迷うときは、イタリアンを合わせておけば安心。

イタリアワインのProfile

イタリアでは、20ある州の全てでワインが造られている。
中でも、北部のピエモンテと中部のトスカーナで造られる品種が重要。

代表的な産地	ぶどう	どんなワイン
ピエモンテ	ネッビオーロ	「バローロ」や「バルバレスコ」など、高級ワインに使われるネッビオーロが有名。土壌の好みがあるため、ピエモンテ以外では2つの州でしか栽培されていない。どっしりと重たい味わいが特徴。
トスカーナ	サンジョヴェーゼ カベルネ・ソーヴィニヨン	イタリア全土で栽培される国民的な品種・サンジョヴェーゼを、主に栽培する地方。「キャンティ」をはじめ、カジュアルなものから高級なものまで、幅広く造られる。また、フランス・ボルドーの造り方を踏襲して造った「スーパートスカーナ」には、カベルネ・ソーヴィニヨンが主に使われる。その際に、サンジョヴェーゼとブレンドされることもある。

ワインの格付け D《ディー》.O《オー》.P《ピー》. 伝統食材の品質管理と保護のため、地域を指定し、基準を満たしたものにその名称を名乗ることを許可する制度。(P.126参照)

国で選ぶ
赤
〜旧世界編〜

とにかく自由で面白い！多種多様なイタリアワイン

「キャンティ」がたくさんありすぎて「キャンティ・クラシコ」ができた

サンジョヴェーゼで造られる有名なワイン**「キャンティ」は、トスカーナ州のキャンティ地方で造られたワイン**のこと。ニュートラルでバランスのいい飲み口が特徴で、イタリア全土で人気がある。

以前は、ワインの品質保証の規定がゆるかったイタリア。人気のキャンティにあやかり、キャンティが造られていなかったエリアでも、「キャンティ」という名称で大量にワインが造られ始めてしまった。そのため、**以前からキャンティを造っていたエリアだけが「キャンティ・クラシコ」（元祖キャンティ）と名乗っていい**という決まりができた。キャンティ・クラシコの方が、「サンジョヴェーゼの使用率」や「最低熟成期間」の規定が厳しい。キャンティ本来の、長期熟成を経た、上質でなめらかな味わいを楽しみたいなら、「キャンティ・クラシコ」を選んでみよう。

造り手のチャレンジ精神あふれる「スーパートスカーナ（タスカン）」

全土で様々なぶどうが育てられているイタリア。たくさんの新しい品種に挑戦してきた歴史からか、イタリアのワイン醸造家は、とにかくチャレンジ精神旺盛。中でも注目したいのは「スーパートスカーナ（イタリア語でタスカン）」というジャンル。**イタリアのワイン法の規定を守らずに、主にボルドーワインの製法で造られたワイン**だ。

ワイン法で認定されていないので、当然、格付けではまったく評価されず、テーブルワインと同様の扱い。しかし「スーパートスカーナ」はワイン愛好家の心をつかみ、高品質として世界的に評価されるようになった。

代表格の「サッシカイア」は、フランスのカベルネ・ソーヴィニヨンを主体に造られた高級ワイン。土着品種「サンジョヴェーゼ」をブレンドしたワインなども有名。格付けにこだわらない、品質本位のワイン造りを追求した結果だ。

まさに情熱の赤！濃厚＆スパイシーなスペインワイン

スペインと言えば王道品種「テンプラニーリョ」

スペインワインの特徴は、まさに濃厚でスパイシーな「情熱の赤」。地中海に面した温暖な気候で、ぶどうの栽培面積は世界トップを誇る。スペイン原産の土着品種も多い。

中でもテンプラニーリョは、スペイン固有の王道品種。国民的人気を誇る赤で、タンニンや酸味が強く、長期熟成にも向いている。繊細な味わいで香りがよいのも特徴。**スペインの高級ワインは、ほとんどがこの品種で造られている。**また、同じく赤のガルナッチャもスペインで人気の品種。フランスでは「グルナッシュ」と呼ばれる、熟した果実感が特徴のワインだ。

スペインの赤ワインは長期熟成が基本で、品質表示のほかに、「クリアンサ（熟成期間2年以上）」「レゼルヴァ（熟成期間3年以上）」など熟成に関する分類もある。

スペインワインのProfile

スペイン原産の品種が多数栽培されている。中でも赤ワインは北部のリオハが有名。
地方によって呼び方が変わるぶどうも多い。

ぶどう	どんなワイン
テンプラニーリョ	産地は、北部のリオハが有名。スペインの広範囲にわたって栽培される人気品種で、国内でも栽培されるエリアで「センシベル」「ティンタ・デル・パイス」などと名前が変わる。
ガルナッチャ（グルナッシュ）	テンプラニーリョとブレンドされて使われることが多い。荒天や病気にも強く、土壌を選ばないため、世界中で栽培されているが、スペインでの栽培量は特に多い。

ワインの格付け　D《ディー》.O《オー》.　フランスのA.O.C.にならった、原産地呼称制度。テーブルワインから最高級ワインまで、4つに分類される。（P.127参照）

知っトク！ ワイン用語 3

「ヴィンテージ」

その年のぶどうの出来を教えてくれる

その年ごとのワインの性格を表す

ワインの紹介文などを見ると、そのワインの「ヴィンテージ」に対する説明文が掲載されている場合が多い。「ヴィンテージ」とは、元々は、収穫したぶどうを醸造して、ボトルに詰める作業のこと。転じて、同じ年に収穫されたぶどうを使って醸造するワインや、ぶどうの収穫された年を表すようになった。

一般的なワインの「ヴィンテージ」は、ぶどうの収穫年の天気や収穫量、ワインの味わいなどについて記載されている。基本的には、ある程度リーズナブルなワインは味わいが均質なので、ヴィンテージを気にする必要はほとんどない。

粋な楽しみ方としては、生まれ年や結婚した年に合わせてヴィンテージ・ワインを購入し、記念日ワインとしてプレゼントすること。「生まれた赤ちゃんの将来を祝して」「結婚した2人に向けて」「20 歳の誕生日記念に」などと、選んでみるのも楽しい。

不作の年は、ワインを造らない醸造所も

特にシャンパーニュ地方などで、ぶどうの出来がよかった年だけ造る特別なワインを「ヴィンテージ」と呼ぶこともある。「ドン ペリニヨン」などの高級ワインは、不作の年はワインを造らないので、販売されているワインは全て、「ヴィンテージ・シャンパーニュ」。

良質なぶどうができた年は、「当たり年」とされ、ノン・ヴィンテージのものと比べ、市場価格が跳ね上がることも多い。

4杯目

Red

SYRAH & SHIRAZ

シラー＆シラーズ

スパイシーで力強いフルボディの赤。
実は同じ品種であるフランスのシラーと
オーストラリアのシラーズの味わいの違いにも注目！
プロフィールはP.16へ！

シラーズ（弟）
シラー（兄）
オレ達ワイルドツインズ！
よりワイルドだぜ
ワイルドにひとさじの高貴さ

今日は友達に誘われてBBQパーティへ
ほら、あれがシラーズ
有名なDJなのよ
シラーズ
へ〜
ワイルドねー
わ〜ドリンクバー
飲も飲も〜！

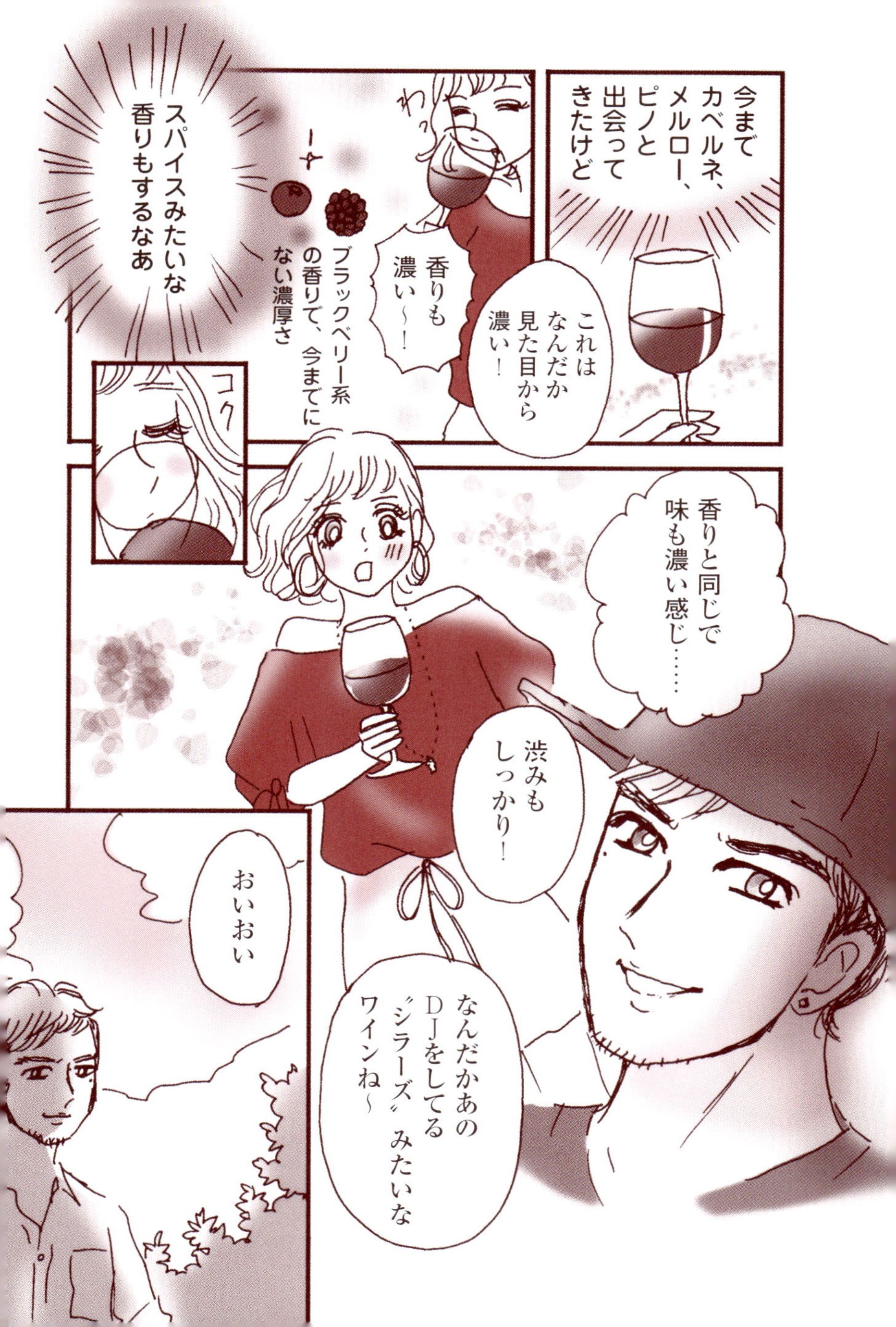
今まで
カベルネ、
メルロー、
ピノと
出会って
きたけど
これは
なんだか
見た目から
濃い！
わっ
香りも
濃い～！
ブラックベリー系
の香りで、今までに
ない濃厚さ
スパイスみたいな
香りもするなあ
コク
香りと同じで
味も濃い感じ……
渋みも
しっかり！
なんだかあの
DJをしてる
〝シラーズ〟みたいな
ワインね～
おいおい

君失礼だな！
僕と弟を一緒にしないでくれよ
弟!?
いま君が〝シラーズ〟みたいなワイン、って言っただろ？
そのワインは、〝シラーズ〟じゃなくて僕、〝シラー〟だよ！
シラー
〝シラー〟!?
え
シラーズ
〝シラーズ〟じゃなくて？
似てる・・けど違う？？
でも、見た目の印象はずいぶんちがうのね
そう思うだろ？
シラーズは僕の双子の弟なんだけどちがうところもけっこうあってね

ほらこれが
〝シラーズ〟だよ
今度は甘い香りがする！
コク
シラーズ
シラーよりもずっとフルーティ！なんだか飲みやすいわ
だろ？あいつは子どもっぽいからな～
おいおいおい

子どもっぽいはないだろ？
俺、飲みやすさでは評判なんだぜ？
クスクス
たしかに〝シラー〟と〝シラーズ〟が一緒だって思ってる人はたくさんいるからな
……で
顔は同じ
2人は何がちがうの？
そもそも僕たちは本来同じぶどうなんだ

ただ、僕は生まれも育ちもフランスのローヌ地方なんだけど
ローヌ育ち
オーストラリア育ち
シラーズはオーストラリア育ち
シラーっていうぶどうは、オーストラリアではシラーズって呼ばれるんだ
気候や育て方がちがうから、味わいもずいぶんちがう
僕は口当たりがなめらかで、スパイスの香りが特徴
俺はもっと果実味が強くて、香りはチョコレートみたいとも言われるな
チョコレート!
オーストラリアの方がぐっと暖かいからね
暖かい地方で育ったぶどうは、果実味が豊かになるんだ
甘い香りと思ったけどチョコレートだったのね
フワン

にこ
俺の方がかなり買いやすいからな～
ワイン
スーパーの棚に並んでるのは大体俺シラーズだよ
ほら、ワラビーのエチケットに見覚えない？
yellow tail
そうね！そう言えば買ったことあるかも！
あれシラーズだったんだ♪
それはお前がリーズナブルなワインになることが多いからだよな！
ム

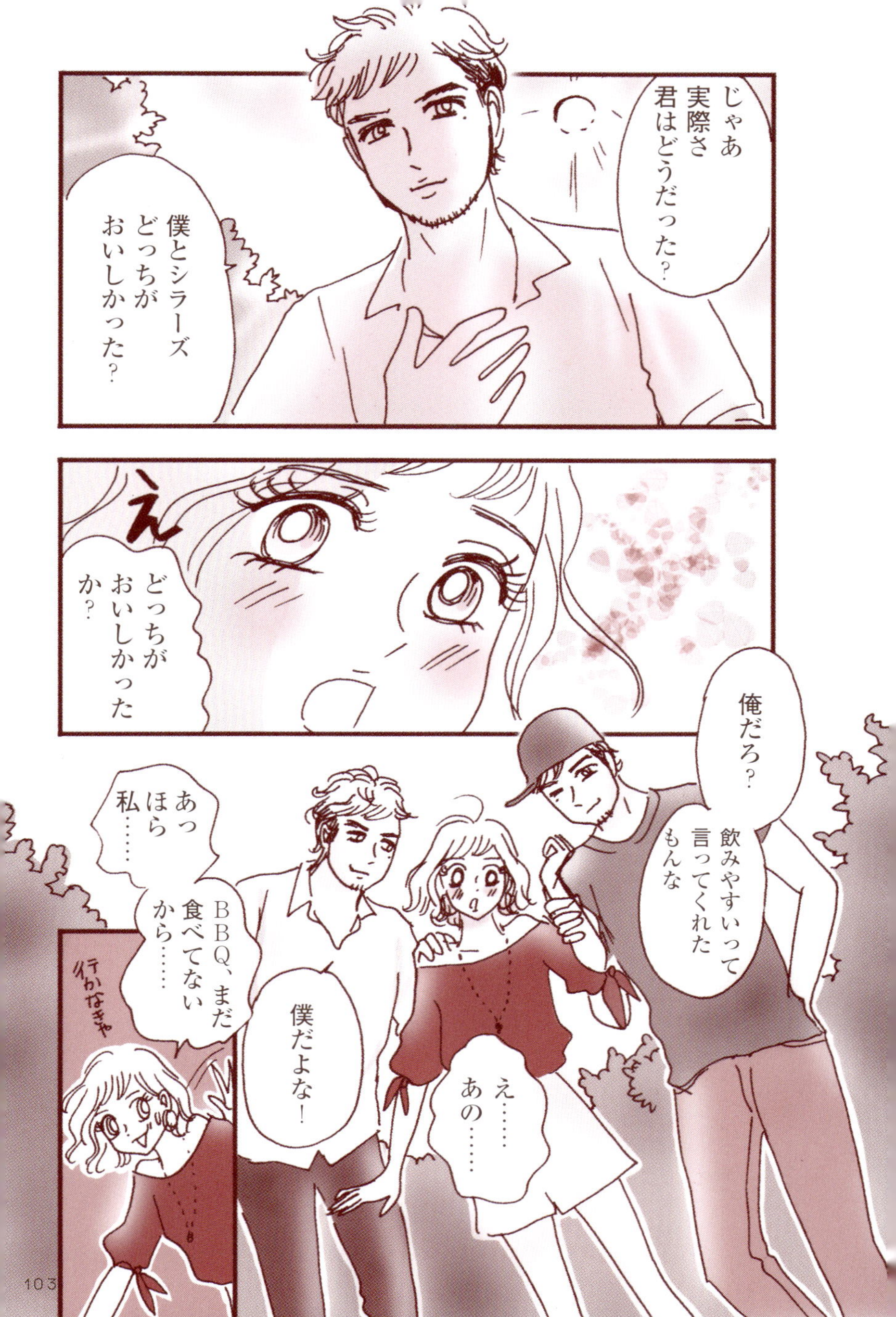
じゃあ実際さ君はどうだった?
僕とシラーズどっちがおいしかった?
え
どっちがおいしかったか?
俺だろ?
飲みやすいって言ってくれたもんな
僕だよな!
え……あの……
あっほら私……
BBQ、まだ食べてないから……
行かなきゃ

ふぅ
BBQはがっつりオージービーフハーブ&黒コショウを効かせて……
キノコの黒コショウ炒めも
こっちがシラーで
こっちがシラーズね
ああ
スパイシーな料理にぴったり!!

シラーズのワイルドな風味や香りも最高だし
シラーの力強い渋みも素敵……
あぁっ……私やっぱり
どちらかなんて選べない……！

国で選ぶ
赤
〜新世界編〜

とにかく「力強い」「わかりやすい」アメリカワイン

渋みが強いのは「カベルネ」、弱いのは「ピノ・ノワール」熟成が進むとまろやかになる

アメリカのワインは、基本的にわかりやすい性格。思ったことはハッキリ言う、アメリカの国民性を感じられるようなワインだ。**果実味が強くて、どっしりとした味わい。ワイン初心者が飲んでも、「おいしい」と素直に思うようなボリューム感、親しみやすさが特徴。**

カベルネ・ソーヴィニヨンやピノ・ノワールは、インパクトが格段にUP。また、アメリカ固有の品種・ジンファンデルも、華やかでしっかりとした飲み心地。存在感たっぷりだ。

ワインが造られているのは、9割がカリフォルニア。「カリフォルニアワインの父」ロバート・モンダヴィは、アメリカのワイン醸造技術の飛躍的な向上に貢献した著名人。高級ワイン「オーパス・ワン」は、彼がボルドーの五大シャトーのひとつと共同開発した逸品だ。

アメリカワインのProfile

メインの産地はカリフォルニア州。中でも、ワイナリーが集まる「ナパ・ヴァレー」が有名。
その他は、オレゴン州やワシントン州など。

ぶどう	どんなワイン
カベルネ・ソーヴィニヨン	果実味が前面に押し出され、ボリューム感もたっぷり。単一品種で造られるか、ボルドーブレンドが主流。
ジンファンデル	アメリカ固有の赤ワイン用ぶどう。あふれる果実味、パワフルでがっしりとした味わい。
ピノ・ノワール	ブルゴーニュ産とちがい、果実味たっぷり、ふくよかさもUP。カジュアルな雰囲気で飲みやすい。

覚えておきたいアメリカワイン用語

ヴェラエタル
単一品種を一定量以上使用しているワイン。ラベルにぶどうの品種名を記載したワイン。

メリテージ
ボルドー原産のぶどう品種をブレンドした高品質ワイン。高級ワインの「オーパス・ワン」などもこの分類。

セミ・ジェネリック
デイリーワイン。品種の規定はなく、「レッド」「ボルドー」など、色や産地、味のタイプを記載。

国で選ぶ赤 ～新世界編～

リーズナブルで高コスパ！初心者に人気のチリワイン

定番の「チリカベ」&なんだかクセになる「カルメネール」

コ

ストパフォーマンスが高く、リーズナブルなワインを生み出す産地として有名なチリ。**特に、カベルネ・ソーヴィニヨンには高い評価があり、「チリカベ」と呼ばれて親しまれている。**また、近年までメルローだと間違えられていた**カルメネールも、チリならではの品種。**

単一の品種で造るのが主流で、品種の個性をつかみやすいのもメリット。しかもお手軽に購入できるので、初心者はひと通り買ってみて、特徴をつかむのに役立ててもいいかもしれない。スーパーでもよく見かける、自転車のマークの「コノスル」（P．227参照）などが特に有名。

全体的には、濃厚な果実味が特徴。カジュアルワインが主流だったが、近年、フランスの五大シャトーの造り手がチリでワインを造るなど、高級ワインができることも証明されてきている。

チリワインのProfile

リーズナブルなのにハズしにくく、平均値の高いのがチリワイン。
地中海に似た気候で、昼夜の温度差も激しいため、良質なぶどうが育つ。

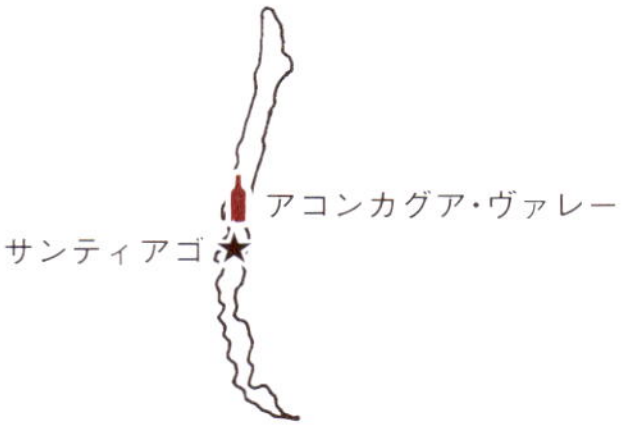

ぶどう	どんなワイン
カベルネ・ソーヴィニヨン	フランスに比べて果実味が強い。単一品種で造られるときもあれば、ボルドーの方式でブレンドされることも。
メルロー	元々マイルドな印象のメルロー。酸味が少なくなり、さらに口当たりがよく、なめらかな飲み心地に。
カルメネール	チリ特有の品種。香りなどにメルローとの共通点も多い。ほどよいボリューム感と熟した果実の香り。

覚えておきたいチリワイン用語

ヴェラエタル
ラベルに品種名を記載したワイン。

レゼルバ
法定アルコール度数を一定以上に満たした、独自の風味を持つワイン。樽熟成しているものが多い。

チリのリーズナブルなワインの定番「コノスル」。コスパの高さが人気。

国で選ぶ
赤
〜新世界編〜

お肉に合う！ ワイルド＆スパイシーなオーストラリアワイン

「シラー」は「シラーズ」になり、ワイルド感UP！

オーストラリアを代表するシラーズ。フランスのシラーが本家だが、その味の強さやワイルド感で、今やシラーズの方の知名度が高いと言ってもいいかもしれない。

ワラビーのエチケットが印象的な「イエローテイル」（P.226参照）など、リーズナブルで飲みやすいオーストラリアワインは、世界でも人気だ。**南半球の温暖な気候で育てられるため、アメリカやチリ産などと同様に、オーストラリアワインも果実味が強く、味の濃いワインが主流。**

技術革新も目覚ましく、ワインの質が向上し、高級ワインも造られるようになってきた。また、今では機能的にコルクと遜色ないと言われるスクリューキャップを、いち早く公式的に採用したのもオーストラリア。普及のきっかけとなった。

オーストラリアワインのProfile

ＢＢＱのがっつりとしたお肉と合うような、濃厚な味わいのワインが多い。
特にシラーズとカベルネを合わせた「シラカベ」が典型。

ぶどう	どんなワイン
シラーズ	フランスのシラーががさらにワイルドな雰囲気に。チョコレートのような甘い香りも感じられる。
カベルネ・ソーヴィニヨン	オーストラリアでは、シラーズとのブレンドも定番。フルボディ同士で、よりパワフルな赤に。
ピノ・ノワール	冷涼な大陸性気候を利用して、タスマニア地方などで栽培される。隣国のニュージーランドも有名。

覚えておきたいオーストラリアワイン用語

ヴェラエタル

一定の基準を満たした産地・品種・収穫年が表示されたワイン。

ヴェラエタルブレンド

オーストラリア独自のカテゴリー。ブレンドしたぶどう品種を表示。

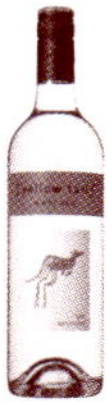

オーストラリアの定番［イエローテイル］。1,000円前後の価格も魅力！

「テロワール」

土地の土壌や気候、風土を反映した味わい

特に重要視するのは旧世界

「テロワール」を、日本語で表現するのは難しい。フランス語で「土地」を意味する「terre（テッレ）」から派生した言葉。ぶどうを栽培する際に、その土地の土壌や地形、育て方などが、ワインにも反映されることを言う。

例えば、フランスのワイン格付け法「A．O．C．」では、土地の範囲が狭くなるほど、格付けのランクが高くなる。ワインが造られる土地が限定されるほど、そのワインが個性的になるという考え方のもと、決められている法律だ。

ボルドー地方では、「地方」「地区」「村」の順に格付けは高くなるし、ブルゴーニュ地方では、「地方」「地区」「村」「一級畑」「特級畑」と続き、より範囲が限定される（P.124 ～ 125 参照）。

テロワールを決定する大きな要素は土壌

ワインの味わいは、土壌の成分にも影響されることが多い。例えば、フランスの「シャブリ」は、石灰質の土壌から造られ、ミネラル感があると言われる。近年、採用されていることが多い「ビオディナミ」という有機農法は、極力化学肥料や農薬を使わずにぶどうを育てるというもの。風土の特徴を最大限に生かした栽培方法で、ぶどうによりテロワールを反映させようという試みだ。

リーズナブルなワインは、大量生産で安定的に供給されるものが多いので、テロワールを反映しているものは少ない。ただ、均一の味わい・品質を持っているので、いろいろなシーンや料理に合わせられる、という汎用性が高いのはメリット。

5杯目

Red & White

これだけは知っておこう

ワインの基礎知識

ワインの基礎知識

ワイン男子の新&旧世界地図

アメリカ

果実味たっぷりふくよかに

全体的に果実味が増し、濃厚な味わいになる。カベルネは筋肉質に、ピノはカジュアルに。

チリ

近年レベルが上がってきたカベルネ

フランスの上品な味わいに近づいてきた“チリカベ”。チリならではの品種・カルメネールも。

ニュージーランド

冷涼な気候が育むワイン

ニュージーの代名詞とも言える2品種。ピノ・ノワールは、上品でナチュラルな味わい。ソーヴィニヨン・ブランは、ハーブ感が増してさらにすがすがしく。

新世界
New World

大航海時代以降にワインの生産を始めた、
欧州以外の新興ワイン国。
旧世界で定番のワイン用ぶどうが、
それぞれの国で独自の一面を見せてくれる。

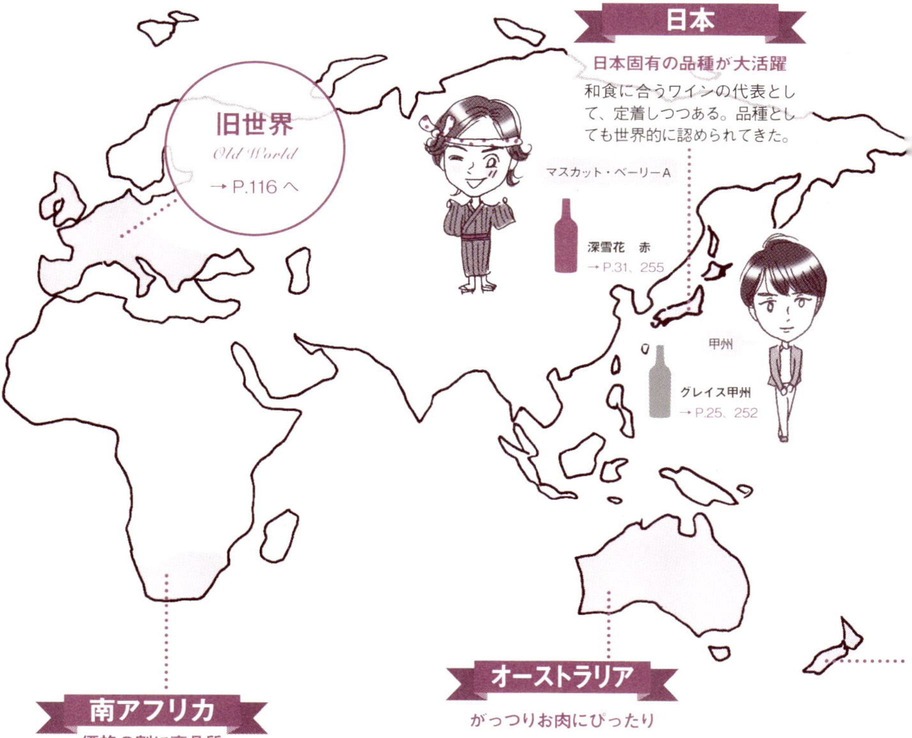

日本

日本固有の品種が大活躍

和食に合うワインの代表として、定着しつつある。品種としても世界的に認められてきた。

南アフリカ

価格の割に高品質

白ワインがメインで、特にシュナン・ブランの生産量が多い。どっしりとしたふくよかな赤「ピノタージュ」も、南アフリカを代表するオリジナル品種。

オーストラリア

がっつりお肉にぴったり

果実味が強くてスパイシーなシラーズが代表。カベルネと組み合わせた「シラカベ」も人気。

旧世界
Old World

歴史的にワインを造ってきた
ヨーロッパ諸国のこと。
フランスはもちろん、イタリアや
スペインの土着品種のぶどうも数多い。

シャルドネ
ピノ・ノワール
ブルゴーニュコンビ
ドイツ
基本は甘口の白ワイン
リースリング、ゲヴュルツトラミネールなど白ワインの生産がメイン。赤のピノ・ノワールは、ドイツでは「シュペートブルグンダー」という名前に。
リースリング
トリンバック
アルザス
リースリング
→P.23
フランス
ワインぶどうの聖地
ボルドー＆ブルゴーニュの4品種は、フランスならではの繊細さと、クオリティの高さを備える。シャンパンやボジョレー・ヌーボーも、フランスならでは。よく知られたワインは、ほとんどがフランスにある。
ネッビオーロ
バルバレスコ
→P.27、206
ピエモンテ
トスカーナ
サンジョヴェーゼ
ペポリ・キャンティ・クラシコ
→P.26
N
W
E
S
イタリア
名門ワイナリーも数多い
数多くの土着品種を抱えるイタリアだが、中でも「キャンティ」となるサンジョヴェーゼと、「バローロ」となるネッビオーロは覚えておきたい。

チーム・ボルドー

A カベルネ＆メルロー
ムートン・カデ
レゼルヴ メドック
→ P.239

B シャルドネ
ジル・ブートン
サン・トーバン
レ・ザルジエール ブラン
→ P.234

ピノ・ノワール
ルイ・ジャド
ブルゴーニュ　ルージュ
クーヴァン・デ・ジャコバン
→ P.240

C ドン ペリニヨン
→ P.206

D ジョルジュ
デュブッフ
ボジョレー
→ P.29

E ギガル
クローズ・エルミタージュ・ルージュ
→ P.17

スペイン

濃厚な情熱の赤

濃密でスパイシーな味わいのテンプラニーリョは、スペイン全土で造られている国民的なぶどう。特に産地として有名なのは、北部のリオハ地方。

「旧世界」は産地が主体「新世界」はぶどうが主体

「旧世界」の魅力は複雑性と繊細さ「新世界」はシンプルで明快！

昔からワインを造っているヨーロッパ諸国を「旧世界（オールドワールド）」、近年ワインを造り始めた新興国を「新世界（ニューワールド）」と呼ぶ。旧世界は、フランスをはじめ、イタリア、スペイン、ドイツ、ポルトガル、オーストリアなど。新世界は、アメリカ、チリ、アルゼンチン、オーストラリア、ニュージーランド、南アフリカ、日本などが主。

旧世界のワインは、**大小様々なワイナリーが存在するうえに、複数のぶどうを使ったブレンドワインも多い**。産地や造り手によってそれぞれのワインが個性を主張し、**味わいや印象もバラエティに富んだワイン**になる。新世界のワインは、**単一品種のワインが多く、味もわかりやすく画一的**なものが多い。**ぶどうの品種で選べば、比較的好みの味を選ぶことができる**。

郵便はがき

おそれいりますが切手をお貼り下さい

104-8011

東京都中央区築地5-3-2

株式会社朝日新聞出版
生活・文化編集部 行

ご住所 〒 電話 （　　）		
ふりがな お名前		
Eメールアドレス		
ご職業	年齢 歳	性別 男・女

このたびは本書をご購読いただきありがとうございます。
今後の企画の参考にさせていただきますので、ご記入のうえ、ご返送下さい。
お送りいただいた方の中から抽選で毎月10名様に図書カードを差し上げます。
当選の発表は、発送をもってかえさせていただきます。

愛読者カード

お買い求めの本の書名

お買い求めになった動機は何ですか？（複数回答可）

1. タイトルにひかれて　2. デザインが気に入ったから
3. 内容が良さそうだから　4. 人にすすめられて
5. 新聞・雑誌の広告で（掲載紙誌名　　　）
6. その他（　　　）

表紙　1. 良い　2. ふつう　3. 良くない
定価　1. 安い　2. ふつう　3. 高い

最近関心を持っていること、お読みになりたい本は？

本書に対するご意見・ご感想をお聞かせください

ご感想を広告等、書籍のPRに使わせていただいてもよろしいですか？

1. 実名で可　2. 匿名で可　3. 不可

ご協力ありがとうございました。
尚、ご提供いただきました情報は、個人情報を含まない統計的な資料の作成等に使用します。その他の利用について詳しくは、当社ホームページ http://publications.asahi.com/company/privacy/ をご覧下さい。

「造り手」か「ぶどう」かで味が決まる

旧世界のワインは、造り手や産地の個性がワインに強く反映されるため、選び方が難しい。新世界は、比較的シンプルに、ぶどうの品種で選べる。

新世界の場合

「チリのカベルネ・ソーヴィニヨンが飲みたい」

旧世界の場合

「ボルドーの赤が飲みたい」

▼つまり…

「フランス・ボルドー地方の赤（カベルネ・ソーヴィニヨン、メルロー主体のブレンド）が飲みたい」

単一品種のワインが多めで、基本的にぶどうの品種で選べば、同じような味が楽しめる。ラベル表記もぶどうの名前で、いたってわかりやすいものが多い。

※ただ、近年は、個性あるスタイルを造る生産者も増えてきた。

同じ国の中でも、地域によってブレンドの方法がちがい、さらに造り手で醸造方法や栽培のこだわりもちがう。その個性が、ワインの味に明確に反映される。

ワインの基礎知識

初心者は「単一品種」でワインの味を覚えよう

ぶどうの味が際立つ「単一」から慣れてきたら「ブレンド」代表のボルドーワインへ

前ページでもふれたように、複数のぶどうのブレンドを主体としてワインを造っているのが「旧世界」（ぶどうの品種や地方によっては例外もあり）。土地や造り手の個性が強いので、自分好みの1本を選び出すのも、なかなか難しい。

初心者はまず、「単一」品種のワインが多い、アメリカやチリなどの「新世界」のワインから始めてみるのはどうだろう。**ぶどう1種のみで造られたワインなら、それぞれのぶどうの個性がつかみやすい**。まずはその中で、自分好みのぶどうの品種を見つけてみよう。

次に、そのぶどうで造られた旧世界のワインにチャレンジすると、徐々に味のちがいがわかってくるはず。最初はフランスの定番「ボルドー」「ブルゴーニュ」を飲んでみるのがおすすめだ。

ソロ活動だと味がわかりやすい

旧世界の中でも、ブレンド派と単一派がある。ブレンドワインの定番は
フランス・ボルドー、単一の定番はフランス・ブルゴーニュ。

アイドルグループ派　ブレンドで深みが増すタイプ

セミヨン ＋

ソーヴィニヨン・ブラン

ボルドー仲よしコンビ

ソーヴィニヨン・ブランのさわやかさに、セミヨンの口当たりのよさを加えることで、バランスのとれた味わいになる。こちらはボルドーの白の定番ブレンド。

カベルネ・フランなど ＋

メルロー

カベルネ・ソーヴィニヨン

ボルドーゴールデントリオ「REDS」

カベルネ・ソーヴィニヨンかメルローが主体。カベルネ・フラン、プティ・ヴェルドなどを混ぜることで、味がまろやかになり、上品さが増す。ボルドーの定番ブレンド。

ソロ活動派　単一で輝くタイプ

ネッビオーロ

リースリング

シャルドネ

ピノ・ノワール

ブルゴーニュのピノ・ノワールやシャルドネは、単一で魅力を発揮する。特にピノ・ノワールやイタリアのネッビオーロは、気難しい性格で、ブレンドには向いていない。

ソロ活動もできるタイプ

ソーヴィニヨン・ブラン

メルロー

カベルネ・ソーヴィニヨン

新世界ではソロ活動が定番。高いポテンシャルを持ち、ブレンドはもちろん、個人でも十分成功するぶどうたちだ。特にアメリカやチリのカベルネは高い人気を誇る。

ワインの基礎知識

新世界のエチケットと旧世界の国別エチケットを比べてみよう

「新世界」はシンプルでわかりやすく「旧世界」にはいろいろなタイプがある

「エチケット」とは、ワインボトルの表面のラベルのこと。ワインの名前、使われているぶどうの品種や、ヴィンテージ（製造された年）、ワインの格付け、産地、生産者の名前など、そのワインに関する情報が記載されている。

アメリカやチリ、オーストラリアなどの新世界と呼ばれる国のワインのエチケットは、比較的シンプル。**単一品種のワインが多く、ぶどうの品種がエチケットにはっきりと記載されている**場合が多い。それを見て、自分の好みを選ぶことができる。

一方、フランスやイタリアをはじめとする旧世界のワインのエチケットは、**産地がより重要**。さらに、**同じ産地でも格付け制度があり、ワインのランクが変わるので、ラベル表記はとても複雑**だ。

ぶどうの品種がメインの
シンプルなエチケット

「新世界」のエチケット

例

名前　クリムゾン

ヴィンテージ

ぶどう　ピノ・ノワール

生産者　アタ・ランギ

産地　マーティンボロー
表示された産地のぶどうが一定以上の割合で使われている

ワインの名前、ヴィンテージ、ぶどうの品種、生産者、産地が記されたエチケット。「2014年に収穫されたピノ・ノワールを使用し、マーティンボロー（ニュージーランド）で造られた、アタ・ランギさんのワイン」ということが明確にわかる。もっとシンプルに、ワインの名称とぶどうの品種、国名だけが書かれているワインもある。ぶどうや地域の表示には一定の基準がある。

その他の用語

- **ヴェラエタル** …… ひとつの品種を一定以上の割合で使ったワイン。
- **エステート** …… 生産者。フランスの「シャトー」のような意味。
- **シングル・ヴィンヤード** …… 単一畑。ある一区画の畑のぶどうだけを使用。

造るエリアが限定されるほど
高級ワインに！

フランスワインのエチケット

「シャトー」（醸造所）が基本　ボルドーのエチケット

例

ワインの名前、ヴィンテージ、生産者、産地が記された、比較的わかりやすいエチケット。ワインの名前は「ムートン・カデ・レゼルヴ」、生産者は「バロン・フィリップ・ド・ロートシルト」。重要なのは、「メドック」という産地と、「アペラシオン～」の格付け表示。下記のA.O.C.の格付けでは、メドック地区は、ボルドー地方より格上、ポイヤック村よりは格下になる。

名前　ムートン・カデ・レゼルヴ

「ムートン（羊）」はシャトーの名前、「カデ」は末っ子、「レゼルヴ」は秘蔵。つまり「シャトーの秘蔵っ子」。

ヴィンテージ

生産者　バロン・フィリップ・ド・ロートシルト

格付け　Appellation《アペラシオン》 MÉDOC《メドック》 Contorôlée《コントローレ》

「A.O.C.」の「O」の部分に地名が入る。ボルドー地方のメドック地区で収穫のぶどうを限定して使用した、という意味。「メドック」が、村名（例えばメドック地区の「ポイヤック村」など）になると、より格上なワインに。

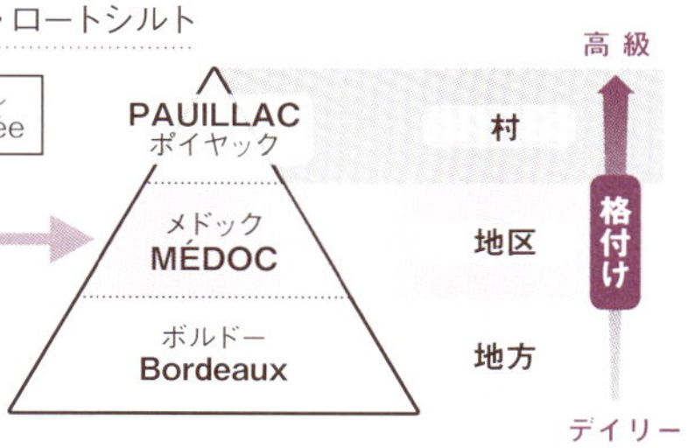

A.O.C. とは　フランスのワインの階級制度。「Appellation《アペラシオン》 d'Origine《ドリジーヌ》 Contrôlée《コントローレ》」の略。ぶどうが収穫された土地を限定して品質保証し、そのエリアや範囲が狭くなるほど、格上ワインになる。

生産地が基本

ブルゴーニュのエチケット

例

「サン・トーバン」という村の名前が大きく記載され、ワインの名称になっている。ブルゴーニュでは、土地によってぶどうの味わいに微妙な変化が出るため、畑自体が格付けされており、上から順に、「グラン・クリュ（特級畑）」「プルミエ・クリュ（一級畑）」「それ以外（村名）」に分けられる。村名がA.O.C.の基準を満たしていない場合、「ブルゴーニュ」という地方の名称になる。

名前 サン・トーバン レ・ザルジエール

サン・トーバン村の「レ・ザルジエール」（村の中の区画の名前）で収穫されたぶどうで造ったワインということ。

生産者 ジル・ブートン

格付け Appellation《アペラシオン》 St.AUBIN《サン・トーバン》 Contorôlée《コントローレ》

A.O.C. の格付けは「サン・トーバン」村。区画名である「レ・ザルジエール」が「プルミエ・クリュ（一級畑）」だった場合、「畑名＋プルミエ・クリュ」が格付けの名称となる。

※「サン・トーバン」に「グラン・クリュ」はない。

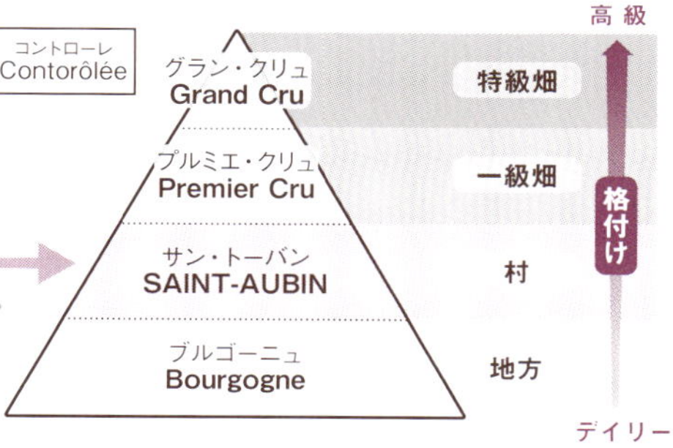

格付けがあるようでない
個性派ワインの宝庫

イタリアワインのエチケット

例

Feudo Arancio
NERO D'AVOLA
SICILIA DOC

イタリアワインの格付けは「D.O.P.」と呼ばれる産地保証。ワインだけでなく、チーズやオリーブ油も、同様の格付けが用いられている。「I.G.P.」以上の格付けでないと、産地の記載を行えない。このエチケットは、「フェウド・アランチョ」という名称で、「ネロ・ダーヴォラ」（イタリアの土着品種）というぶどうを使用したワイン。D.O.C.（現D.O.P.）なので、産地「シチリア」も記載されている。

名前 フェウド・アランチョ

ぶどう ネロ・ダーヴォラ

産地 シチリア

格付け

2009年に、「D.O.C.」から「D.O.P.」に名称変更された。しかし、まだ旧ラベルを使用しているワインも多い。

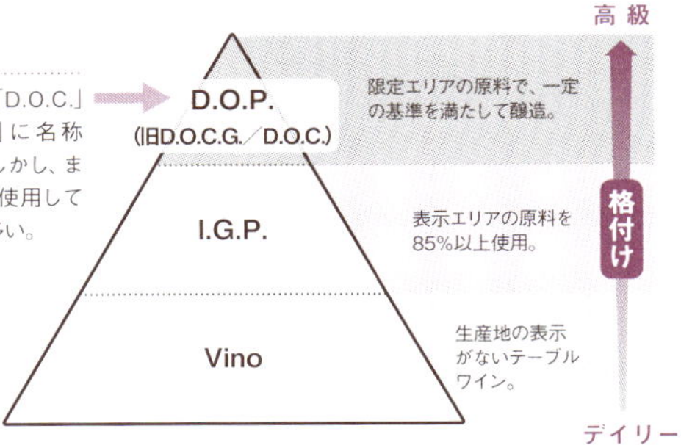

高級
D.O.P.
（旧D.O.C.G.／D.O.C.）
限定エリアの原料で、一定の基準を満たして醸造。
I.G.P.
表示エリアの原料を85%以上使用。
Vino
生産地の表示がないテーブルワイン。
格付け
デイリー

「スーパートスカーナ」は「Vino」の場合も

スーパートスカーナは、イタリアのワイン法にのっとらずに造られたワインのため、高品質であるにもかかわらず、ランクに反映されないこともある。

濃厚な飲み口で
長期熟成ワインも多い

スペインワインのエチケット

例

Alejandro Fernández
TINTO
PESQUERA
CRIANZA
2012
RIBERA DEL DUERO
DENOMINACIÓN DE ORIGEN

スペインワインにもイタリアと同様、「D.O.」と呼ばれる格付け（原産地呼称制度）がある。このワインの名前「ティント・ペスケラ」は、生産者であるアレハンドロ・フェルナンデスが運営するワイナリー。「クリアンサ」は熟成度のことで、2年以上の熟成期間を表している。熟成度に関する表示があるのも、スペインワインの特徴。格付けでは、「D.O.」を取得している高級ワインだ。

生産者 アレハンドロ・フェルナンデス

名前 ティント・ペスケラ

熟成度 クリアンサ

ヴィンテージ

産地 リベラ・デル・ドゥエロ

格付け DENOMINACIÓN《デノミナシオン》 DE《デ》 ORIGEN《オリヘン》

スペインのワイン産地として名高い「リベラ・デル・ドゥエロ」で、原料のぶどうも一定の基準を満たして造ったことがわかる。

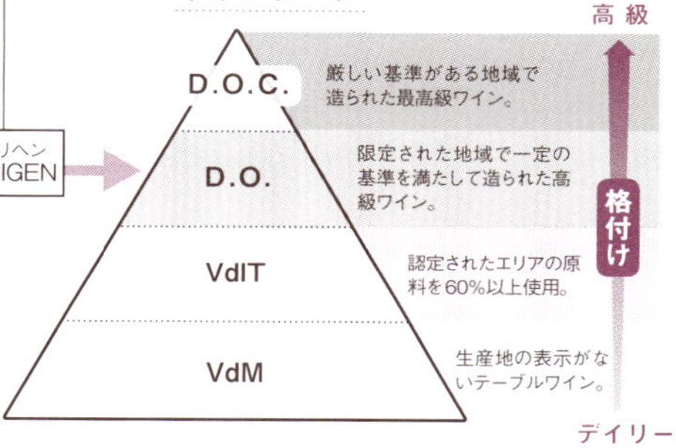
高級
D.O.C.
厳しい基準がある地域で造られた最高級ワイン。
D.O.
限定された地域で一定の基準を満たして造られた高級ワイン。
VdIT
認定されたエリアの原料を60%以上使用。
VdM
生産地の表示がないテーブルワイン。
格付け
デイリー

熟成に関するラベル表記（赤ワインの場合）

- **クリアンサ**
  熟成期間2年以上。
- **レゼルヴァ**
  熟成期間3年以上。
- **グラン・レゼルヴァ**
  優れたヴィンテージのとき限定。熟成期間は5年以上。

知っトク! ワイン用語 5

「樽」

味わいに応じて、樽とステンレスを使い分ける

味や香りに厚みを出したいときは「樽」熟成

ワインの醸造方法でよく聞く、「樽」「ステンレスタンク」という表現。オークなどの木の樽で熟成させるか、ステンレス製のタンクで醸造するかのちがいだ。

ワインは、熟成に樽を使うことによって、ボリューム感が出てくる。中でも、赤よりも、渋みがなくてシンプルな味わいの白の方が、反映された樽の要素がわかりやすい。特に白ワインのシャルドネは、造り方の違いが顕著にでてくる品種。「樽のニュアンスがする」などと表現する場合は、樽の香りが移るほか、基本的にリッチな味わいで、しっかりとしたふくよかなスタイルになる。

また、樽によって、ワインの香りも変化する。シャルドネは樽が影響すると、元々の品種個性と言える青りんごや洋なしなどのフルーツ系の香りに、バニラや甘い香り、ナッツなどの香ばしさが加わってくる。料理も、こってりしたソース系やクリーム系の料理が合わせやすい。

フレッシュに仕上げたいときはステンレスタンク

ステンレスタンクで醸造したワインの特徴は、ピュアでフレッシュな味わいと、さわやかできれいな酸を出すこと。樽を使わないことによって、ボリューム感は抑えられるが、雑味が混じらないことによって、ぶどうのよさをシンプルに伝えることができる。

やはり、白ワインにその傾向は顕著。フランス・ブルゴーニュの辛口白ワインの代名詞・シャブリや、透明感のある日本の甲州なども、ステンレスタンクでの醸造を主に採用している。

6杯目

White

CHAR DONNAY

シャルドネ

世界中で愛されている、
定番の白ワイン。
育つ環境に合わせて、
フルーティにも辛口にもなる
味わいの変化が特徴。
プロフィールはP.18へ！

職業 エッセイスト

ちょっとシャルドネと話してて！
行っちゃった
はじめましてキミがマリアちゃん？
キラ☆キラ
はじめまして！あなたがシャルドネね
噂は聞いてたわ
エッセイがすごい人気なんでしょ？
いや 僕は好きなものを書いているだけだよ
出身地のフランスや、よく行くアメリカやオーストラリア、チリのことなんかね

もちろん読んだわ
現地の人との交流もすごくナチュラルで……
私外国語ダメだから
そんけー
いろんな国の言葉がしゃべれるのね
実は全然しゃべれなくて
エヘ☆
え⁉
フィーリングって感じかな
シャルドネのグラス２つね！
あ、なんだか甘い香り……
ドキッ
どうぞ

あ
この香り
りんごみたいな
さわやかな香り！
イキイキとした緑の
りんご畑……
麦わら帽子と
着古したネルシャツに
長靴を合わせて
さわやかにほほ笑む
シャルドネ……
農作業姿も
似合うなあ……
どうかした？
ううん！

じゃ
キミの瞳に乾杯★
ドッキーン♥
…!!
ええっ⁉
か、乾杯
クサすぎるセリフもなぜかナチュラルに聞こえて……
むしろときめいてしまうから不思議
なんなの〜〜

シャルドネー！
こっちー♡
おっと お呼びみたい
じゃ またね 子猫ちゃん ♪
ニャー
え
そ、そんなセリフ
今どき、自然に言える人がいるなんて……
ガク
シャルドネって根っからのアイドル気質なのね
このワイン
“ブルゴーニュ”って書いてある
シャルドネはあのピノと同じ故郷※かぁ
へぇ〜
シャルドネ
ピノ・ノワール
ずいぶん性格の違う2人！
でもすっごく人気者なのは共通してる！

※ピノ・ノワールとシャルドネは、フランス・ブルゴーニュ地方の定番品種

その日から
シャルドネのことが
なんだか
気になり始めてしまった
シャルドネ
サイン会
人気者
う…
新刊「〜
ワ〜
キャ
パシャ
パシャ
シャルドネ
ドキュメンタリー
番組
密着! シャルドネ
ピ
初めての土地に
行っても
知らない感じが
しないんです
アメリカ
カリフォルニア
現地の人は
みんな
いい人たちだし
僕自身にも
こだわりとか
あんまりなくて
彼のエッセイには
その土地の風を
色濃く感じる
むしろ、君色に
染めてくれ!
って感じ★
相変わらず
クサいセリフ
……
ひぇぇぇ

シャルドネの故郷のことが知りたい！
写真展
ーフランスワインのすべてー
ぶどう畑に
こっちは手摘み作業かあ……
Chablis
あ、マリアちゃん
こ、こんにちは！
あれはシャルドネ本人⁉
なんだか雰囲気がちがう
いつもよりキリッとしててシャープな感じ
ドキ
ドキドキ

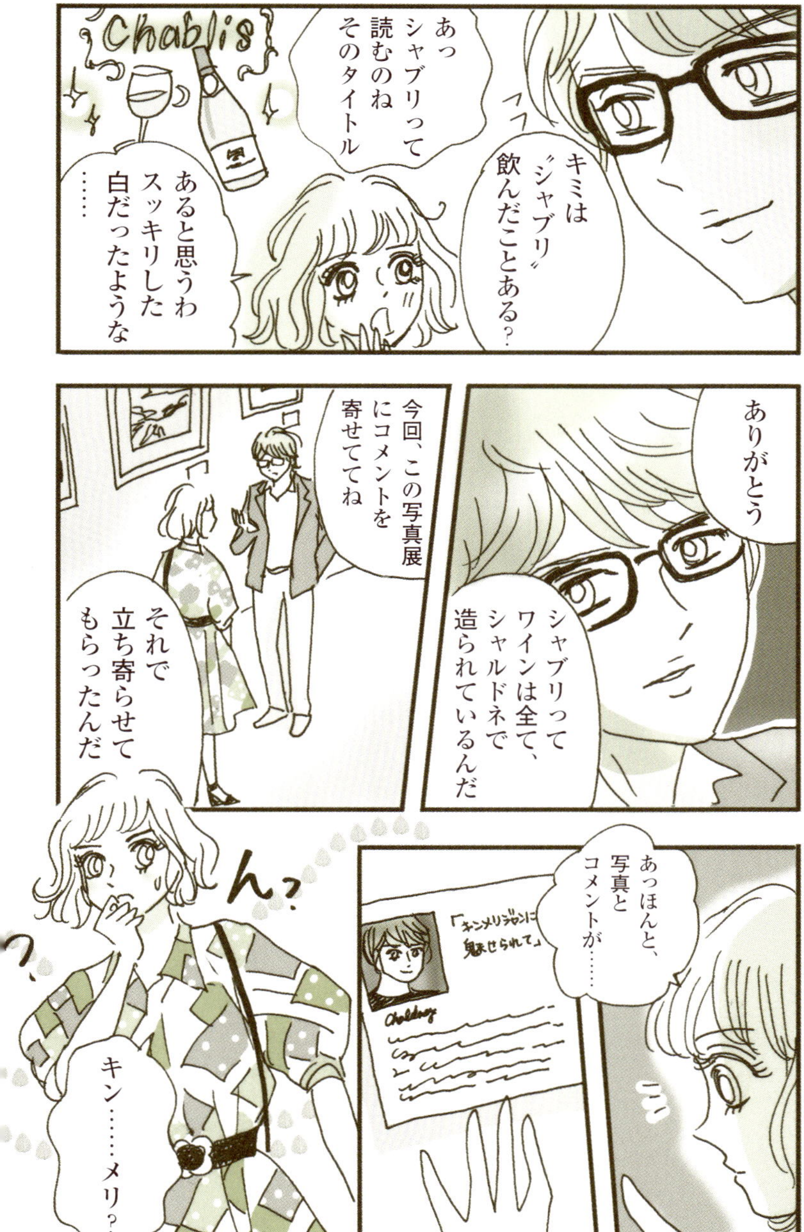
Chablis
キミは〝シャブリ〟飲んだことある?
あっ シャブリって 読むのね そのタイトル
あると思うわ スッキリした 白だったような ……
ありがとう
シャブリって ワインは全て、シャルドネで 造られているんだ
今回、この写真展に コメントを 寄せててね
それで 立ち寄らせて もらったんだ
あっほんと、写真と コメントが……
「キンメリヂャンに 魅せられて」
ん?
キン……メリ?

シャブリはブルゴーニュの北側にある土地の名前
気候が冷涼だからシャルドネも引き締まったスタイルになる
“キンメリジャン”っていうのは、シャブリ地区の石灰質の土壌のこと
ほら見てなかなかいいとこだろ?
そこで育つとミネラル感が豊かなぶどうになる
石灰質な土壌のぶどう畑にたたずんで
冷たい風にそのきれいな髪をなびかせるシャルドネ!
うっとり
シリアスな表情もステキ

どうかした？
ううん……
前にもこんなことあったたね
じゃ、またね子猫ちゃん♪
Chu
シャルドネ!?
相変わらずなんだから……！
IDOL
理知的でシャープな一面もあるけどやっぱりシャルドネはみんなのアイドル！
私は……
どっちの彼も好き！

白を味わう

寒い地方のワインは辛口 暖かい地方では果実味が強くなる

ワインの中の糖分の量で「甘口」と「辛口」が決まる

タンニン（渋み）の少ない白ワインの味を表現する方法のひとつは、甘口と辛口。**甘口とはワインの中の糖分が多いこと**で、辛口はその反対。**発酵によって、ワインの中の糖分がほとんどアルコール分に変わってしまい、糖度が下がった状態のワインが辛口**だ。

ただ、同じ辛口でも、果実味の少ないワインの方が、よりすっきりとシャープに感じられる。

一般的に、**涼しい地域で育ったぶどうで造られる白ワインは、果実味が少なく、辛口であることが多い**。フランス・ブルゴーニュ地方の北部に位置する「シャブリ」地区は、辛口の白ワインの代表的な産地。反対に、アメリカ・カリフォルニアやチリなど、温暖な気候で育った白ぶどうは、フルーティでまったりとした、飲みやすい味わいになる。

温暖な産地になるほど、果実味を感じやすい

白ワインの産地として定番の、ブルゴーニュ地方を基準にすると、
温暖になるほど果実味が増し、ふくよかさがUPする。

例えば　シャルドネ

さらに
冷
フランス／
ブルゴーニュ最北部
シャブリ地区産
キリッと辛口
シャープな酸味
冷
フランス／
ブルゴーニュ産
繊細な果実味
まろやかな口当たり
暖
アメリカ産
果実味が豊かになり
トロピカルな香りに
暖
オーストラリア産
コクとふくよかさがUP
お肉にも合うおいしさ
暖
チリ産
果実味たっぷりで
酸味も弱く飲みやすい

白を
味わう

白ワインのシャープな酸味は冷涼な気候で作られる

酸味が強いぶどうの代表は「リースリング」
冷涼な気候であるほど酸味が増す

白

ワインの味を構成するもうひとつの要素が「酸味」。キリッと引き締まったシャープな酸味は、白の持ち味だ。**酸味については、一般に冷涼な気候であるほど強く、温暖な気候ではおだやかなものになる。**

例えば、凛とした酸味が特徴の「リースリング」は、冷涼な気候で育つ、ドイツ原産の白ワイン。本来は酸味が強い辛口ワインだ。そのまま造ると酸味が強くなりすぎるので、発酵を途中で中止して糖度を残すことなどによって、甘口に仕上げられている。

また、フランス・ブルゴーニュ産の「シャルドネ」は、土壌や気候の影響を非常に受けやすいぶどう。こちらも本来は、はっきりとした酸味があるぶどうとされている。ブルゴーニュ北部の冷涼なシャブリ地区で育てられると酸味が増すし、アメリカやチリなどに南下すると、まったりとした味わいに変わっていく。

酸味の強い白ワインは、辛口に感じることが多い

酢の物に砂糖を入れたら酸っぱさが和らぐように、**甘いワインには、酸味を感じにくい場合が多い。**甘いワイン、つまり甘いニュアンスのある果実味の強いワインの場合、酸味はおだやかになって甘さが際立つ。反対に、酸味の方が甘みに勝ってしまうと、果実の甘さがかき消されてしまい、辛口と感じることが多くなる。

つまり、温暖な気候になると果実味が増して酸味がおだやかになるので、非常に飲みやすいワインが増えてくる。反対に冷涼な気候では、果実味が抑えられて酸味が増し、辛口と感じるワインが増える。

もしレストランなどでワインを選ぶ場合に、**甘いニュアンスの飲みやすいワインが飲みたいときには、「果実味が強い」「酸味が弱い」ものをセレクトしてもらうと、比較的近い好みの味わいのものが飲める。逆に辛口ワインが気分なら、「果実味が弱い」「酸味が強い」ものを選ぶ。**

白を味わう

白ワインには白色の料理を合わせる

「シャルドネ」と「天ぷら」を頼めば失敗知らず!?

白

ワインも赤ワイン同様、色と料理を合わせるといい。さわやかな白の味わいに合わせ、**食卓の色み自体もさわやかな雰囲気になるような料理をセレクト**すると、ワインにもマッチしてくるはず。白や淡いグリーンの料理がおすすめ。

また、かんきつ系の風味や香りもあるのが白ワイン。例えば、焼き魚やオイル系のパスタ、サラダなど、**レモンやライムをギュッと搾って食べたくなる料理を合わせる**のもひとつの選択肢。

ちなみに、**サクッと軽い食感とシンプルな素材感が、白ワイン全般に合う天ぷら**。そして、ワインでは**クセのないシャルドネが、魚や肉など幅広い食材と合わせられる万能ワイン**になる。和食店などでは、天ぷらとシャルドネを頼めば、まちがいがないかもしれない。

白には白い料理を合わせる

ワインの色に合わせて、オイル＆クリーム系の白色の料理や、
緑色のサラダなどを合わせると失敗がない。

×

白色・緑色っぽい料理

- 白身魚のカルパッチョ
- クリーム煮
- オイル系パスタ
- グリーンサラダ など

●代表的な白ワイン×料理

白ワイン	味わい	料理
シャルドネ	辛口	白身魚の刺身、カルパッチョ
	コクがある	白身魚のムニエル、豚ロース肉
ソーヴィニヨン・ブラン	辛口	白身魚のカルパッチョ、ハーブサラダ
リースリング	甘口／辛口	テリーヌ、カスレ（ソーセージ）
甲州	辛口	刺身、天ぷらなど和食全般

知っトク！ ワイン用語 6

「コルク＆スクリューキャップ」

スクリューキャップは安価、というわけではない

利便性だけではないスクリューキャップ

昔は、利便性だけで機能に欠けると思われていたスクリューキャップ。コルクの方が、長期保存に優れているという考え方が長年あった。しかし、研究の末、スクリューキャップでも品質の劣化に差はないという説が出てきた。2000年から、オーストラリアとニュージーランドのワイナリーは、積極的にスクリューキャップへの転換を実施し、今ではほとんどのワインにスクリューキャップが使われている。

最近のスクリューキャップは密閉性が向上し、白ワインなどのフレッシュさを維持するために、むしろ選ばれる場合も多い。

コルクの「ブショネ」に注意

対して旧世界のワインは、今もコルクの場合が多い。コルクをソムリエナイフで丁寧に開けてワインを味わう、というスタイル自体を大切にしているということも大きい。

しかし、コルクが汚染されカビ臭が発生した「ブショネ」のワインに当たってしまう場合もあるので注意。100本に3本くらいはブショネがあると言われているので、ボトルを開けたときは、念のためチェックしておこう。特徴は、陰干しした雑巾のようなにおい。

ちなみに、レストランなどでの「ホスト・テイスティング」だが、テイスティングするかどうか聞かれる場合も多く、断ることも可能だ。しかし、おもてなししたい人と一緒にいる場合は、ワインを大切に選んでいることをアピールするためにも、ホストとしては省略したくない。ワインが劣化していないかどうかを確かめるのも、ホスト・テイスティングの重要な目的になっている。

7杯目

White

SAUVIGNON BLANC

ソーヴィニヨン・ブラン

レモンやライムなどの
かんきつ系の香りが
さわやかな、
清涼感あふれる白。
プロフィールはP.20へ！

職業

園芸店経営

初夏のある日
素敵なガーデニングショップ！
スーッ
お客様
何かお探しですか？

わっ
さわやかな美青年が出てきた
ハーブってありますか?
もちろん。どんなハーブがお好みですか?
う〜ん
バジルとかミントくらいしか知らないんだけど……
こちらにたくさんありますよ!
奥に温室!

こんなにたくさんあるなんて迷っちゃうなあ
これかわいい～
これは料理に使えそう
そんなに迷われるなら試食もできますよ
え？試食？
ちょっと待っててください
カツカツカツ

そう言えば
お客様の
お名前は？
マリアです
マリア
……
マリアージュ！
今日のランチに
ぴったりの名前！
僕の名前は
ソーヴィニヨン・
ブラン
さあ行こう

ギィッ
ショップの裏側に
こんな空間が
あったなんて
僕の癒しの空間さ
誰にも邪魔されずに
ゆっくりできる

バサッ
ポン
ポン
ハイ
どうぞ
わぁ
ハーブのサラダ♡
これもせっかくだから
あ、ありがとう！いただきます！
青々とした草の香り

吹き抜ける
さわやかな風
額の汗が
引いていく……
ハーブの香り
豊かなサラダと
こっちも緑の
香りでいっぱいの
ワイン！
気に入って
もらえた？
そのワインは僕、
ソーヴィニヨン・
ブラン
うん！
暑い時季に
ぴったりの
清涼感ね！

サラダだけだと味気ないからこれもどうぞ
白身魚のフリットだよ
でもこれだけだとこってりしすぎてるかな？
ズッ
プチン
サクッ
ギュッ
さ、召し上がれ

夏のランチにはぴったりの組み合わせじゃない？
うん……こんな草原で楽しむと、ほんとに気持ちいいね！
そう……マリアージュ！最高の

近い……！
あ、そう言えばハーブは……
スー
寝てる……
まあ……いっか
これは草原の草の香り？
それとも
ソーヴィニヨン・ブラン、
あなたなの……？
青い香りに包まれて
このままいつまでも
眠っていたい……

国で選ぶ
白

フランスを知れば、白ワインのことが大体わかる

世界各地で栽培されているフランス産の白ぶどう品種

今

世界で育てられている白ワイン用ぶどうの品種は、フランス原産のものがほとんど。世界中で、様々なぶどうを使った、個性豊かなワインが生み出されている。

代表選手は、**ブルゴーニュ地方のシャルドネ**。病気にも強くて育てやすいのが特徴。各地の風土に柔軟に対応するので、いろいろなタイプのシャルドネとして、世界中で広く栽培されている。

ボルドー&ロワール地方のソーヴィニヨン・ブランも、高い人気を誇る品種。すがすがしい青草のような香りが特徴で、近年はニュージーランドも、産地として知名度を確立している。

また、**ロワール地方のシュナン・ブラン**は、甘口から辛口まで、様々な味わいになるのが魅力。南アフリカでも栽培が盛んで、白ワイン用ぶどうの栽培量としては、国内一位を誇る。

フランスワインのProfile<白>

フランスの白ワインを代表する、ブルゴーニュ地方のシャルドネ。
特に北部のシャブリ地区のワインは、辛口の白として人気が高い。

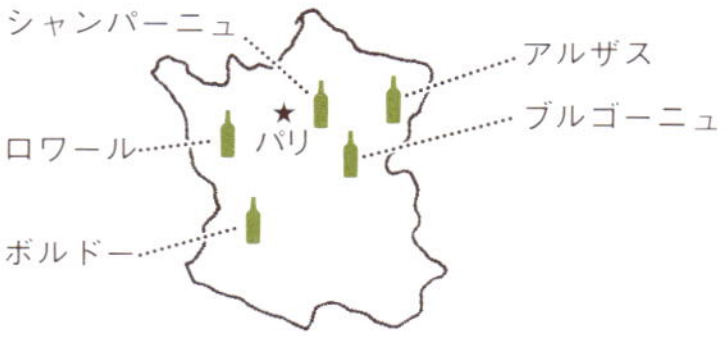

代表的な産地	ぶどう	どんなワイン
ブルゴーニュ	シャルドネ	ブルゴーニュのワインは、基本的に単一品種。赤のピノ・ノワールと双璧をなすのが白のシャルドネ。
シャンパーニュ	シャルドネ	シャンパーニュ地方で造られるものだけをシャンパンと呼び、シャンパンになるときはピノ・ノワールなどとブレンドされることが多い。
ボルドー	ソーヴィニヨン・ブラン セミヨン	ソーヴィニヨン・ブランとセミヨンをブレンドして造る「ボルドー・ブラン」が秀逸。
ロワール	ソーヴィニヨン・ブラン シュナン・ブラン	ソーヴィニヨン・ブランは辛口。シュナン・ブランは甘口から辛口まであり、極甘口の貴腐ワインも有名。
アルザス	リースリング ゲヴェルツトラミネール	ドイツとの国境に近く、栽培品種はドイツワインに近い。リースリングはここでは辛口が定番になる。

国で選ぶ白
〜旧世界編〜

フランスの白ワインは個性豊かな4つの地域を押さえよう

「ブルゴーニュ」はシャルドネ「ボルドー」はソーヴィニヨン・ブラン

ブルゴーニュ地方で、赤のピノ・ノワールと肩を並べるのが、白の「シャルドネ」。世界中で栽培される人気品種だ。ブルゴーニュでは、**ほとんどが単一品種のワイン**として造られる。中でも**「コート・ド・ボーヌ」地区で造られるクオリティの高い白が人気**。

ボルドー地方はソーヴィニヨン・ブラン。ハーブを思わせる独特の香りと、さわやかなニュアンスが感じられるワインだ。ボルドーといえば赤ワイン、と思いがちだが、白も「ボルドー・ブラン（ボルドーの白）」と称されて、高品質のワインが生み出されている。ソーヴィニヨン・ブランとセミヨンがブレンドされることが多く、ソーヴィニヨン・ブランのさわやかさに、果実味とまろやかさが加わり、ボリューム感が出る。ボルドー・ブランは、五大シャトー「シャトー・

オー・ブリオン」なども製造しており、その希少性からも、世界で高い評価を受けている。

シャンパンの地元・「シャンパーニュ」地方と知っておきたい「ロワール」地方

シャンパーニュ地方のシャルドネも、シャンパンを造るうえで欠かせない。普段は、ピノ・ノワールやムニエとブレンドされるが、シャルドネ100％で造られることも。そのときは、**「ブラン・ド・ブラン（白の中の白）」**と呼ばれ、華やかな香りの個性的なシャンパンになる。

また、ロワール地方は、ボルドーやブルゴーニュほどの知名度はないが、白ワイン好きなら覚えておきたい地名。**パリのデイリーワインとして、最も多く飲まれているのも、ロワール地方の白。特に有名な「サンセール村」は、生産量の9割以上がソーヴィニヨン・ブラン。**こちらは単一品種のワインがほとんどで、たっぷりのミネラル感とかんきつ系の果実味を備えた、清涼感あふれる味わいになる。その他のぶどうも、すっきりとした辛口の白ワインになることが多い。シュナン・ブランもフレッシュで軽やかな、飲みやすい白。貴腐ワインやスパークリングワインにもなり、汎用性も高い。

国で選ぶ
白
〜旧世界編〜

甘口と辛口、どちらも人気！ドイツワインはリースリングが大活躍

甘口であるほど上級ワインになる

ドイツワインと言えば「甘口の白」。ドイツでは、気候の関係で、白ワインが多く造られている。しかも、**ドイツワインの格付けでは、甘口であるほどに高級ワインとされるものも。**まるでハチミツのような味わいの貴腐ワイン（カビ菌と一緒に発酵させたデザートワイン）が、「トロッケンベーレンアウスレーゼ」として、最高級になる。

一方、**辛口は「トロッケン」**と呼ばれ、冷涼な気候であるドイツならではの、**ドライですっきりとした味わいの白で、食事にも合う。**

リースリングは甘口ワインとして貴腐化される代表的な品種。ただし、ミネラル感たっぷりの辛口として造ることもできるため、食事に合わせて楽しむドイツ人も多いとか。

ドイツワインの Profile

独特の格付けを持つドイツワイン。甘口であるほど、ワインのランクが高い。
ただしドライですっきりとした辛口ワインは、和食とも合うと評判。

ぶどう	どんなワイン
リースリング	ドイツの定番白ワイン。最高級の貴腐ワインにもなるし、辛口ワインとしては食事にぴったり。
ゲヴュルツトラミネール	「香辛料（ゲヴュルツ）」という名の、ライチのような強い香りを持つぶどう。

覚えておきたいドイツワイン用語

ドイツワインの格付け用語。一番上は、最も糖度が高い、超甘口の貴腐ワイン。その後は、だんだん糖度が落ちていく。それぞれ、「アイスヴァイン」(凍らせた粒を使用)、「ベーレンアウスレーゼ」(完熟させた粒を使用)など、造り方も異なる。

※ただ、最近では糖度とは関係ない評価基準もできている。

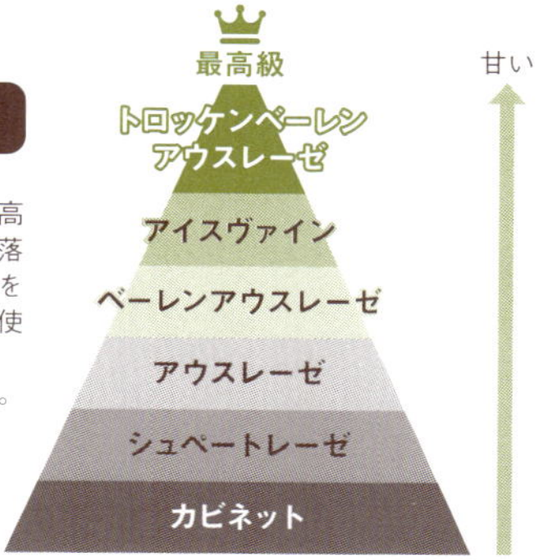

国で選ぶ
白
〜新世界編〜

手の届きやすいカジュアルな白なら「新世界」産のワインがおすすめ

果実味が強く、飲みやすい白なら新世界産がリーズナブル

旧

世界のヨーロッパ産の白に比べ、新世界（アメリカ、チリ、ニュージーランド、オーストラリアなど）の白は、赤ワイン同様にリーズナブル。ある程度の品質の商品が、1000円前後で買えてしまう。ただし、ヨーロッパ産に比べ、**アメリカやチリの白ワインは、果実味が強く、まったりと飲みやすくなるため、極辛口のワインに巡り合うのはなかなか難しい。**

シャルドネはアメリカに渡ると果実味が増し、パイナップルやパッションフルーツなど、南国系のフルーツの香りが強くなる。チリ、オーストラリアなども同様。

ニュージーランドのソーヴィニヨン・ブランは、さらにハーブの香りが強くなり、どこまでも広がる草原のイメージ。トロピカルな香りも加わり、すがすがしくフルーティな味わいに。

「新世界」ワインの Profile＜白＞

新世界産のワインは、リーズナブルながら、
安定したクオリティが魅力。

代表的な産地	ぶどう	どんなワイン
アメリカ	シャルドネ	旧世界よりも果実味とボリューム感が増し、飲みごたえたっぷり。トロピカルフルーツの華やかな香りも特徴。カリフォルニア州の「ナパ・ヴァレー」「ソノマ・ヴァレー」が有名。
オーストラリア	シャルドネ リースリング	シャルドネの単一品種で造られるワインが多く、果実味が強くて飲みやすい。オーストラリアの中でも、高地の冷涼な気候で育てられるリースリングは、フルーティな辛口ワインとして人気。
ニュージーランド	ソーヴィニヨン・ブラン	他の地域で造られたワインよりも、ハーブの香りと爽快感が増し、ニュージーランドならではのすがすがしい味わいに。華やかな果実味もあって飲みやすい。「マールボロ」地区が特に有名。
南アフリカ	シュナン・ブラン	白ワインの一大産地であるアフリカ。特に、みずみずしい味わいのシュナン・ブランの生産量が、アフリカ国内ではトップを占める。そのほか、シャルドネなどの代表的な品種はほぼ網羅している。

知っトク!
ワイン用語

「ハウスワイン」

レストランおすすめのワイン

割安な価格なのはおすすめだから

レストランのメニューなどでよく見る「ハウスワイン」の文字。割安な価格で、デキャンタやグラスを選べる場合も多い。でも、「安めの価格だし、頼むにはちょっと恥ずかしい」と思った経験はないだろうか。

実は、ハウスワインとは、「気軽に楽しめるレストランのおすすめのワイン」という意味。お店側から、「うちの料理には、まずはこのワインを合わせてみてください」と提案しているワインなのだ。レストランの料理の味と客層を踏まえてソムリエが選んでいるので、誰でも飲みやすい、最も無難なワインとも言える。

お店の雰囲気やクオリティを知る目安になる

つまり、ハウスワインは、お店の看板商品とも言えるもの。そのワインがおいしかったら、他のワインも充実していることが多い。ワイン通になると、どんなハウスワインを提供しているかで、お店の料理の味わいや価格帯、ワインのセレクトの状況などもわかるようになるのだとか。

「これがハウスワイン」という決まりがあるわけではなく、店が提供できる一番お手ごろでおすすめのワインがそう呼ばれる。ワインの種類も、ボトルワインの場合もあれば、紙パックや大容量のものもあり、お店によって様々。

今後、もしワイン選びで迷った際には、恥ずかしがらず、ハウスワインを頼んでみよう。手ごろな価格で高品質のワインが出てきたら、ワインにこだわりがあるレストランと言える可能性が高い。

8杯目

White

RIESLING

リースリング

冷涼な気候がもたらす
すっきりとした酸味が特徴。
原産地のドイツでは、
甘口に造られることが多い。
プロフィールはP.22へ！

職業 モデル

タッタッタッ
ドン
バタ
きゃっ
ごめんね
大丈夫だった？
スッ
うわ～
すっごく
背の高い人！

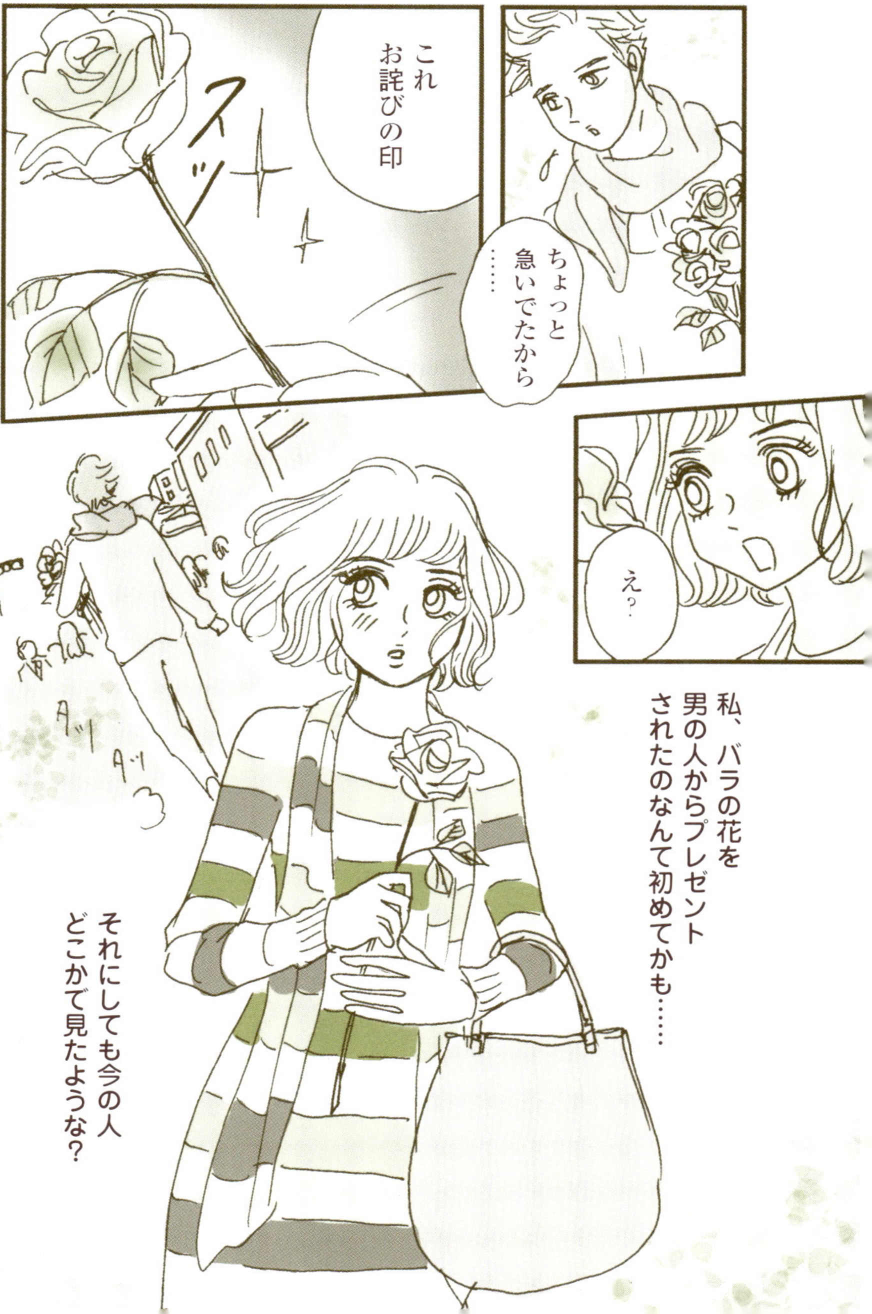
ちょっと急いでたから……
これ
お詫びの印
スッ
え？
私、バラの花を男の人からプレゼントされたのなんて初めてかも……
それにしても今の人どこかで見たような？

お待たせ～
ああっ!!
どうしたの突然?
マリア
さっき私が会ったのこの人だ!
今夜はリースリングで
あ、今売り出し中のモデル、リースリングね
そうなんだ!
どおりでカッコいいと
でも……

どうかした？
ううん
なんだかさっきは
女子っぽい
というか
ちょっと
かわいい感じが
したんだけど
そういえばさっき
買った雑誌にも
出てたな～
ガサ
パラ
パラ
ほら
コレ！
このクールな
感じがなんとも
言えないよね！
むむ…

数日後
あ
リースリングに
また会っちゃった
でも隣には
……彼女？
ねえ
シネレア……
今夜の
予定は？
そうね
撮影が終わる
時間にもよるけど
きっと早く
終わるよ
そしたら
食事でもどう？

ええ いいわよ
よかった!
今日もほら
君のための バラだよ
ありがとう じゃあ今夜 撮影が早く 終わったらね
あの美女への プレゼント だったのね
あのバラ……
ズキッ
そんな…… 通りすがりにバラを もらったくらいで 私、何傷ついてるの

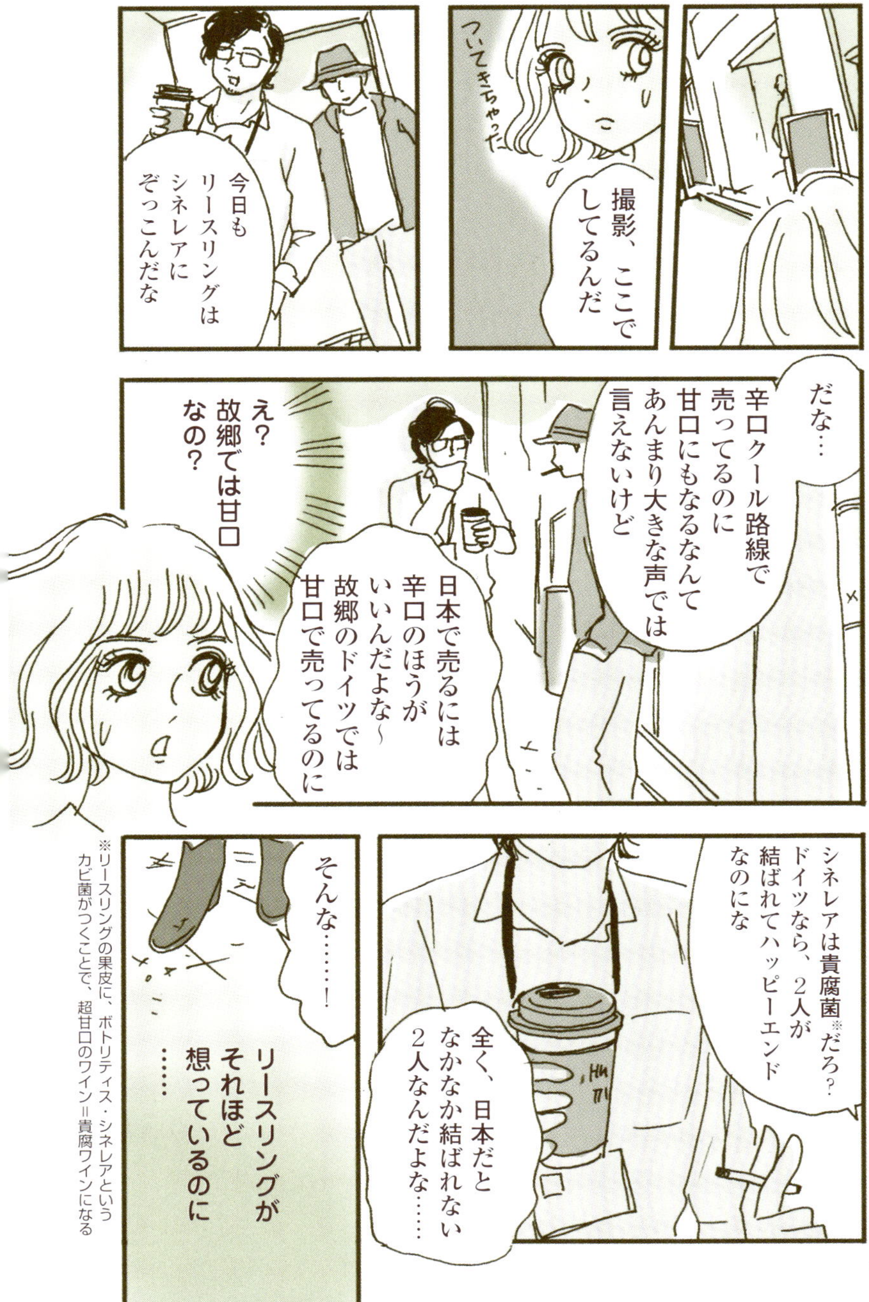
ついてきちゃった
撮影、ここでしてるんだ
今日もリースリングはシネレアにぞっこんだな
だな…辛口クール路線で売ってるのに甘口にもなるなんてあんまり大きな声では言えないけど
日本で売るには辛口のほうがいいんだよな～故郷のドイツでは甘口で売ってるのに
え？故郷では甘口なの？
シネレアは貴腐菌※だろ？ドイツなら、2人が結ばれてハッピーエンドなのにな
全く、日本だとなかなか結ばれない2人なんだよな……
そんな……！
リースリングがそれほど想っているのに……

※リースリングの果皮に、ボトリティス・シネレアというカビ菌がつくことで、超甘口のワイン＝貴腐ワインになる

あれ、君……?
あ、すみません! 失礼します
ファンの子かな?
最近多いよな
……あ
また リースリング
独りぼっち…… シネレアが いない……
こ、こんばんはっ
あの、この前 道でぶつかって しまって そしたらあなたが バラの花をくれたの
そのお礼を 言いたくて
そう わざわざ ありがとう

あの、今日はひとりなんですか？
あ
……ああ
そうなんだ
あ……リースリング悲しそう
ニコ
私、男の人からバラなんてもらったの初めてだったんです
すっごくうれしかった！
……
辛いこともあるかもしれないけど、私あなたのことずっと応援してます
これからもがんばってください！

……ありがとう
会いたかった人と
会えなくて
落ち込んでたんだ
でも、おかげで
元気が出てきたよ
私、ファンのひとりって思われたかな
Wine shop
ほんとはちょっと本気で恋してたんだけど……
甘口のリースリングでおすすめは…
こちらなんか
SALE
でもいいんだ
甘いなあ……
リースリングの幸せを願って！

知っトク!
ワイン用語
8

「デザートワイン」

甘〜く仕上げたデザートのようなワイン

デザートワインの造り方も様々

デザートワインとは、食後に提供される、主に甘口のワインのこと。世界各地で造られているが、甘〜く仕立てるためには、各国で醸造方法の決まりや呼び方がちがう。

甘口ワインを造る方法は、いくつかある。「遅摘みされたぶどうを使う」「完熟したぶどうを使う」「凍った状態のぶどうを使う」など。特に、凍った状態のぶどうを使う「アイスヴァイン」は、収穫せずに冬になるまで待ち、枝についた状態で自然に凍らせたぶどうを使用しなければならない。そうすると、水分が凍結して、糖分が濃縮される。栽培期間の長さから、収穫できないリスクも高い、とても手間のかかる造り方だ。

世界三大貴腐ワインとは

デザートワインの最高峰が、世界三大貴腐《きふ》ワインと呼ばれる存在。フランス「ソーテルヌ」(地区名)、ハンガリー「トカイ」(地区名)、ドイツの「トロッケンベーレンアウスレーゼ」(ワインのタイプ)。

そもそも「貴腐ワイン」とは、ボトリティス・シネレアというカビ菌(貴腐菌)を繁殖させ腐らせて造るワイン。最適に成熟した状態のぶどうに、湿度などの外的条件がマッチして、初めてうまく貴腐化することができる。ぶどうは主に、ドイツではリースリング、フランスではシュナン・ブランやセミヨンなどが使われる場合が多い。極甘口で、糖分が45%あるものもある。芳醇な香りがあり、凝縮された濃厚な味わいの、希少性の高い高級ワインだ。

9杯目

Red & White

実際に飲んでみよう

実践編

実践編

コツをつかめば意外と簡単！ワインのコルクを抜いてみよう

道具をきちんと使えば、ワインはスマートに開けられる。ソムリエナイフも、慣れたら意外と使いやすい

ワインを開ける道具はたくさんあるが、初心者が避けたいのは、スクリューに取っ手がついているT字型のもの。昔ながらの形だが、開けるのにコツも力も使うので、特に女性には使いづらい。初心者には、**ハンドルを回すだけでワインが開けられるスクリュープル**や、**両手で開けられるウイング式のオープナー**などがおすすめ。慣れると意外と使いやすいのが、**プロが使うことも多いソムリエナイフ**。コツを覚えれば簡単に開けられるので、1本持っておくと便利。

もし、コルクが浅いところで折れたなら、乾燥して抜けにくくなっている可能性があるので、しばらくワインを横向きにして、コルクを湿らせてから抜いてみよう。その場合、スクリューをななめに差し込むと抜きやすい。

ソムリエナイフでコルクを抜いてみる

ソムリエナイフでワインが開けられるとスマート。
自分のナイフをひとつ持ち、何度か開けてみてマスターしよう。

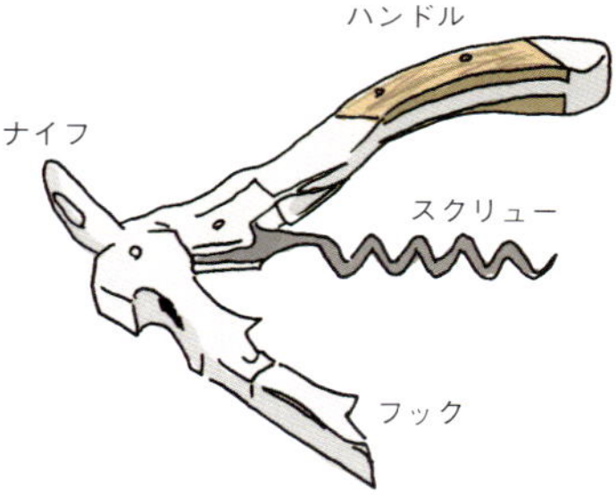

一般的なソムリエナイフ。テコの原理でコルクを引っ張って抜く。キャップシールをカットできるナイフもついているので便利。

キャップシールのでっぱりの下にナイフを当てて何周かさせ、キャップに切り込みを入れる。さらに縦方向に切り込みを入れ、シールをはぎ取る。

スクリューの先端をコルクに当て、回転させながらねじ込む。スクリューを垂直に立てたときに、コルクの中心に入るようにねじ込んでいく。

スクリューをひと巻き半くらい残したところで、フックをボトルのふちにひっかけて立たせ、しっかり握って固定する。ハンドルを少し持ち上げてみて、コルク全体がついてくることを確かめてから、フックを元の位置に戻し、最後までスクリューを差し込む。

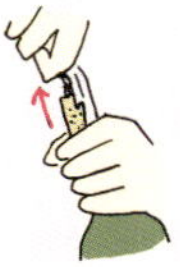

フックを再びボトルのふちにかけ、ハンドルをゆっくりと引き上げていく。

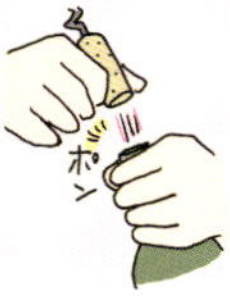

コルクの9割が出てきたら、手でコルクを持ち、優しく引き抜く。

実践編

セレクト次第でワインの味が変わる！ワイングラスを選んでみよう

いいワインを買う前に、いいグラスを手に入れよう。まずは、香りをカバーできるボウルの大きいグラスをセレクト

ワインをおいしく飲みたいなら、いいグラスを使うことから始めたい。**いいグラスで飲むと、安いワインもおいしく味わえる**と言うくらい、ワインにとってグラスは重要なもの。

ワインは、グラスの大きさや形によって味が変わる。本来は、赤と白に向くワイングラスは違うし、さらにぶどうの品種によっても、「ボルドー型」「ブルゴーニュ型」などの違いがある。

ただし、ワインを始めたばかりの初心者が、始めからいろいろな種類のグラスをそろえるのは難しいもの。その場合は、**なるべくボウルの大きなグラスで、開口部に鼻がすっぽり入るもの**を選ぼう。ワインと空気がふれる面積が大きいので香りが立ちやすく、鼻が入るなら、その香りが逃げないうちに感じとれる。また、できれば薄いグラスの方が口あたりがよく感じる。

赤・白・泡のグラスのちがい

赤と白、スパークリングワインによって、それぞれ向いているグラスがある。
ワインの特徴をつかんで、グラスのちがいも覚えてみよう。

＼代表的な２種の形／

ボルドー　**ブルゴーニュ**

開口部が広く、大きなボウルが特徴のブルゴーニュグラス。空気にふれる面積が大きく、より香りが立ちやすい。ピノ・ノワールなど軽めのワインにぴったり。ボルドーグラスは、やや縦長な形で開口部も狭く、少しずつ香りを開かせて楽しむタイプ。渋みが豊かな、しっかりとした赤に。

丸みのある大きめボウル

ボウルが大きいと、ワインが空気にふれる面積が多くなるので、香りが立ちやすくなる。

赤

小ぶりのグラスがいい

白ワインは冷やして飲むので、温度が上がらないようにするため、小さめのボウルのグラスを選ぶ。

白

＼より香りを楽しむなら／

卵型のシャンパングラス

フルートグラスは泡の様子を楽しむ形のため、開口部が狭く香りが立ちにくい。香りや味わいをじっくり楽しむなら、卵型のグラス。

立ち上る泡を楽しむ

背が高くて細いフルートグラスは、泡が立ちのぼる様子を目で見て楽しめる。背が高いので、炭酸が抜けにくい構造でもある。

泡

実践編

ワインを注ぐときにスマートに見えるちょっとしたコツを覚えよう

グラスの縁より少し高めの位置から注いで、香りを開かせる。熟成ワインの場合は、味わいを壊さないように慎重に

ワインを注ぐ際は、ボトルの底に近い部分を持って、グラスの少し上から注ごう。**少し高めの位置から注ぐことで、ワインと空気がふれて、香りが立ってくる**。ただ、熟成ワインの場合は、そっと大切に扱わないと味や香りを壊してしまうこともあるので、一概ではない。

また、レストランでは、ワインは注いでもらうもの。お店の人にお願いしよう。基本的にワインは男性がサーブするものなので、女性がお酌の感覚でどんどん注ぎ足すことは避けたい。

ちなみに、ワインを注がれる側は、その間どうすればよいのだろう。お酌をしてもらうときのように、グラスを手で持ったり、ステム（脚の部分）に手を添えたりしたくなるが、**本当は何もしないのが正解**。サーブする側に任せて、ワインの香りをとり、色を鑑賞するだけにしよう。

ワインの注ぎ方のポイント

スマートに注ぐコツを知っておくと素敵。基本的に、お店ではサービス係が、その他の場では男性が率先して、ワインを注ぐのがマナー。

ラベルを上にする

ラベルを上にして、ワインの銘柄を見せる。

上の方から注ぐ

泡の場合は、泡立ちすぎないように少しずつ。

量はグラスの1/3くらい

温度が上がらないように、適量ずつ飲むのがよいので、注ぎすぎない。

片手で注ぐ

ボトルの底の方を片手で持つ。重たい場合は、もう一方の手を添えた方が安全。片手で持つなら、初心者は、ボトルの下の方を横から持ってもOK。

注ぎ終わったら…

ボトルの口を上にひねるように注ぎ終えると、ワインが垂れにくい。

ナプキンを持っておいてもスマート

ワインが垂れないようにナプキンで押さえる。

注がれる側は…手を添えない

手はひざなどに置いて、注がれるのを見守ろう。

実践編

ワイン通になる第一歩！飲むプロセスも楽しもう

高価なワインほど、色や香り、余韻に注意してじっくりと味わいたい

せっかくのワイン、ガブガブ飲んでしまうのではなく、飲むプロセスも楽しみながら味わいたい。色、香り、味わい、余韻など、五感をフルに活用しよう。

ワインを回す動作には、**ワインと空気をふれさせて、香りを開かせる効果**がある。その際に気をつけたいのは、特に熟成されたワインに対して、ワインを回しすぎないこと。「散りそうな桜」という表現が合う。あまり回すと、せっかくの香りが飛んでしまう。桜を愛でるはずが、自分で散らしてしまわないように注意。ゆっくりじっくり味わいたい。

また、グラスは外側に回してしまいがちだが、回していてもしもワインが飛び散った際に、相手にかからないように、内側（右手で回すと反時計回り）に回すのがスマート。

飲むプロセスを楽しもう

飲むときは、基本的にワイングラスのステム（脚）の部分を持つこと。
ボウルの部分を持つと、体温が伝わり、ワインの温度が上がりやすい。

目

ワインを愛でる

色や濃淡を見てワインの味を想像してみよう。

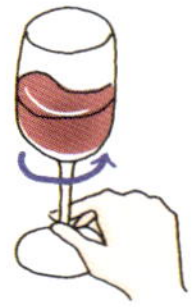

少し回してみる

反時計回りにグラスを回し、香りを開かせる。

鼻

香りをとる

ワインの中に果実や花の香りを探してみる。ワインの香りは、「かぐ」ではなく「とる」と言うとスマート！

口

ゆっくり味わう

口の中で、香りや味わいを十分に感じとる。

余韻を楽しむ

飲んだ後の香りや味わいの余韻を楽しむ。もしグラスに口紅がついてしまったら、そっと指で拭う。

ぶどうの種類と熟成度合いで、ワインの香りが決まる

ワインの香りは「アロマ」中でも熟成されて現れるのは「ブーケ」

ワインの香りに関する表現は、初心者がぶつかる壁のひとつだ。一気に覚えようとしても難しいので、少しずつ覚えて、知識を積み重ねていくことが大切。

ワインの香りのことを「アロマ」と言い、**ぶどうが本来持っていて、ワインになった時にも現れる香りを「第一アロマ」**と言う。若いワインの香りをとったとき、第一印象として感じやすい香りだ。また、**熟成したワインが持つ熟成由来の香りを、アロマの中でも特別に「ブーケ」**と表現する。例えば、カベルネ・ソーヴィニヨンのアロマはカシス、ブーケはなめし革、という感じ。

若いワインに関しては、開けたばかりでは、香りが十分立ち上らない（閉じている）場合もある。その場合は、少し時間をおきながら飲むことで、本来の香りを楽しめるようになる。

味わい＆熟成度合で香りは変わる

フルーツの香りは、ワインの香りの第一印象として感じやすい基本的なアロマ。
さらに香りを細かくとっていくと、スパイスや花の香りも感じられる。

ベーシックな香り

アロマ

白

コクがある ⟷ フレッシュ

- 南国系
  パイナップル
  パッションフルーツ
- 桃

- かんきつ系
  レモン
  ライム
  グレープフルーツ
- りんご

フレッシュな場合は、さわやかなかんきつ系の香りがすることが多い。コクがある場合は、パイナップルなどの南国系の香りが強い。桃やプラムなどの香りがするときもある。

赤

フルボディ ⟷ ライトボディ

- ブラックベリー系
  カシス
  ブルーベリー
- ブラックチェリー

- ベリー系
  いちご
  フランボワーズ
- チェリー

赤ワインの重さの程度は、香りの傾向にも現れる。どっしり重いフルボディは、カシスやブルーベリーなどの濃い果実の香り、軽口のライトボディは、赤いフレッシュな果実のイメージ。

＋ さらに香りをとると…… ＋

- ハチミツ
- 白コショウ
- ミネラル
- 芝生

加えて、白コショウのスパイシーさや青々とした芝生の香りなどが感じられる場合がある。「ミネラル香」とは、ミネラルウォーターのような、硬質な香り。

- コショウ
- シナモン
- スモーク
- スミレ

ベリーやチェリーなどのわかりやすい香りに加え、スパイスや花の香りが感じられる。わかりやすいものもあるし、香りをとりにくいものもある。

▼ 熟成が進むと…… ▼

ブーケ

- トースト
- バニラ
- ナッツ

白ワインは熟成が進むと、香ばしいローストしたような香りが強くなってくる。熟成する樽の香りがワインに移ることも多く、「樽香」という表現をする。

- トリュフ
- 腐葉土
- なめし革

熟成が進むと、さらに独特な香りを持つようになる。トリュフや腐養土、なめし革、シガー、シャンピニヨン（きのこ）など、様々なブーケが感じられる。

熟成ワインは奥深い味わいと複雑な香りに変化する

渋み(タンニン)が強い高級赤ワインは熟成向き フレッシュな味わいの白ワインは、早飲みタイプの場合が多い

ワインが樽、または瓶詰めされた状態で保存され、味や香りに複雑性や奥行きが生まれることを「熟成」と言う。熟成に向いているワインは、渋みの強いワイン。渋み(タンニン)は、抗酸化物質であるポリフェノールなので、長期保存に向いている。風味豊かな高級ワインの方が、熟成のポテンシャル(可能性)が高いことが多い。反対に、フレッシュタイプの白ワインや、軽めの赤は、熟成向きではない場合もある。

熟成を経ることで、味わいは円熟味が増し、深みが出る。ギシギシとした渋味のカドがとれ、まろやかになる。また、アルコール感もやわらぎ、口あたりがソフトになる。香りも変わる。赤ワインはなめし革や腐葉土、白ワインはトーストやバニラのようなブーケ(熟成香)が代表的。

ワインによって飲み頃のピークがちがう

ワインの種類によって、早めに飲んだ方がよいタイプと、長期熟成が向いている
タイプがある。飲み頃を外さないようにしよう。

飲み頃

長期熟成タイプ	通常	早飲みタイプ
5～30年後	2～10年後	1～3年後
●ボルドー五大シャトーなどの高級赤ワイン ●シャンパン（プレステージ）	●旧世界のカジュアルなワイン	●ボジョレー・ヌーボー ●シャンパン（ノン・ヴィンテージ） ●ロゼワイン ●新世界のカジュアルなワイン

ボルドーに代表される、カベルネ・ソーヴィニヨンなどの、渋みが豊かで重たいタイプの赤ワインが
熟成向き。反対に、フレッシュな味わいを楽しみたいロゼワインなどは、基本的に早飲みタイプ。

熟成すると色が変わる

ワインは、樽熟成の後、瓶に詰められて瓶熟成を開始する。最初、赤ワインは赤色、
白ワインは緑がかった色調をしているが、徐々に変化していく。

白		赤（ブルゴーニュ系）	赤（ボルドー系）
黄緑色		ルビー	ガーネット
▼	2～5年	▼	▼
黄色		オレンジ	
▼	15年以上	▼	
黄金色		レンガ色	
▼		▼	
琥珀色		茶褐色	

若い赤ワインは、エッジ（ふちの部分）が紫がかっているが、その色調がおだやかになっていく。
若い白ワインは全体がグリーンをおびた色調だが、それがとれていく。
ただし、上記の年数はあくまで目安であり、色の変化のタイミングは、ワインによって様々。

実践編

ワインと料理の最適な組み合わせ「マリアージュ」を探してみよう

濃い味には重めの赤、薄味には軽めの白を合わせる

ワインと合わせる料理については、「赤には肉、白には魚」が、よく聞くセオリー。もちろん、重たい赤ワインには、基本的にボリューミーなお肉を合わせれば、失敗は少ない。また、スッキリ軽快な白ワインには、白身魚の刺身やカルパッチョが定番。ただ、**軽めの赤ワインなら、こってりした魚料理にも合う**し、**コクのある白ワインが、あっさりした肉料理に合う**場合もある。料理の味の濃淡によって、合わせるワインが変わってくる。

ワインの色に合わせて、料理を選ぶ合わせ方もある（P.52、144参照）。いろいろな食材との組み合わせを試して、自分ならではのマリアージュ（ワインと料理とのおいしい組み合わせ）を見つけてみよう。

「こってり」には重め、「さっぱり」には軽め

肉や魚に限らず、たれやソースのこってり系の料理には、重いワインが合う。
さっぱりと塩や薬味で食べるタイプには軽いワインを。

焼き鳥

つくね
軽めの赤
ピノ・ノワール

レバー
果実味が強い赤
テンプラニーリョ

正肉、ささみ
軽快な白
シャルドネ、甲州

ぼんじり
重めの赤
カベルネ・ソーヴィニヨン

ハツ
重め＆スパイシーな赤
メルロー、
シラー／シラーズ

正肉やささみ（特に塩）などのあっさりした白身のお肉には、白ワインが合う。脂の多いつくねやぼんじり、レバーやハツなど濃厚な内臓系には、やはり赤ワインを合わせたい。

魚

うなぎ、あなご
なめらかな赤
メルロー、ピノ・ノワール、
サンジョヴェーゼ

焼き魚（青魚）
軽めの赤
ピノ・ノワール

赤身魚の刺身
渋味の少ない赤
ピノ・ノワール
（熟成タイプ）、
マスカット・ベーリーA

ムニエル
ふくよかな白
シャルドネ

焼き魚（白身魚）
軽やかな白
ソーヴィニヨン・ブラン

白身魚の刺身
軽やかな白
シャルドネ、甲州

和食と言えば白ワインのイメージだが、調理法によっては、軽めのタイプやまろやかな味わいの赤ワインによく合う。中でも、メルローとうなぎの組み合わせは定番。金目鯛の煮つけなどの煮魚や、脂ののったさば、まぐろなどの赤身の刺身は、ライトな赤とよく合う。

実践編

自分の好きなワインをひとつ決めればスムーズにワインを選べるようになる

まずは自分の「好み」のワインをひとつ覚える。次に、「予算」「目的」を明確にする

ワ

インショップやレストランでワインを選ぶ際に、ソムリエやスタッフに、自分の好みをどのように伝えればよいのか、わからずに困った経験はないだろうか。初心者なら、**まずは自分の好みのワインをひとつ覚える**ことから始めたい。そのワインを基準にして、お店の人に相談してみよう。「〇〇ワインがおいしかったので、それに近い味のものをください」という感じに。

次に大切なのは予算を伝えること。ついつい遠慮してしまうが、ワインの値段もピンキリ。「1000円くらい」などときちんと伝えたほうが、結果的に自分の希望に近いものを紹介してもらえる。

お店の人に伝える要素は、多ければ多い方がよい。例えば、手土産にするなら、その目的（恩師、母親、友人、恋人……）などもきちんと伝えると、より的確にワインをセレクトしてもらえる。

まずは「好み」「予算」「目的」を明確にし、次に「産地」「品種」つながりで広げていく

慣れてきたら、少し範囲を広げて、「ボルドー」「カベルネ・ソーヴィニヨン」など、
エリアやぶどうの種類から、選択肢を広げてみよう。

「ボルドーのカベルネ・ソーヴィニヨンがおいしかった」

産地を軸に広げる
フランス・ボルドー地方

- 同じような味わいのものがいい ▼ **ボルドーの別のシャトーのカベルネ**
- もっと果実味が欲しい or 予算を抑えたい ▼ **チリのカベルネ**

品種を軸に広げる
カベルネ・ソーヴィニヨン

- 同じような味わいのものがいい ▼ **メルロー**
- もっとライトなものがいい ▼ **ピノ・ノワール**

「ブルゴーニュのシャルドネがおいしかった」

産地を軸に広げる
ブルゴーニュ

- もっとさわやかなものがいい ▼ **ブルゴーニュのシャブリ地区のシャルドネ**
- もっと果実味が欲しい or 予算を抑えたい ▼ **アメリカのシャルドネ**

品種を軸に広げる
シャルドネ

- もっとさわやかなものがいい ▼ **ソーヴィニヨン・ブラン**
- もっと甘口がいい ▼ **リースリング**

コース料理に合わせるワインは軽めから重めの順番でセレクト

軽やかな味わいからスタートするのが鉄則。基本的にはソムリエにセレクトしてもらう

レストランでワインを頼むときには、まずは**料理に合うワイン**を、ソムリエに確認することから始めたい。そのうえで、**「好みの品種や銘柄」「予算」**を伝えて、セレクトしてもらう。予算をその場で言いづらい場合は、予約のときにお店に伝えておくと、予算内で提案してくれる。

自分で選ぶ場合は、できればボルドーの赤などの濃厚なワインを、コースの頭から頼むことは避けたい。繊細なアミューズなどは、軽めのワインを合わせた方がしっくりくる場合が多いし、先に強い味わいのワインがあると、その後に頼んだワインの味を邪魔してしまう。

また、最近では、レストランならではの「ペアリングコース」（ワインと料理の組み合わせを、店が提案してコースに組み込んでくれているもの）もあるので、利用しても面白い。

料理には軽め→重めの順で合わせる

コース料理の順番に合わせて、ワインも頼んでいく。飲みたいワインをメインに、
そのほかはグラスやハーフボトルで調整するのもあり。

メイン	温前菜	冷前菜	アミューズ	料理
重めの赤	軽めの赤	白	泡	ワインのタイプ
重め	←	←	軽め	ワインの味わい
高級	←	←	リーズナブル	ワインの値段
←	赤	←	泡または白	ボトルで頼みたいなら
←	←	←	泡	

まずは軽めから始めて、重たいワインへと進んでいく。
色で言うと、薄いものからスタートして、だんだんと濃くしていく。そこまでいろいろな種類が頼めないときは、
最初を泡か白のグラスワインにして、その後は赤ワイン1本で通してもOK。
また、どんな料理にも合うのが泡（スパークリングワイン）。乾杯からメインまで、1本の泡で通すこともできる。

実践編

赤、白、ロゼ、泡……ワインの種類に応じて、最適な温度でおいしく飲もう

赤ワインも常温より、少し冷やした方がおいしく飲める 味わいによっても適温が違う

「赤は常温で、白は冷やして」と言われるが、日本の気温を考えると、赤ワインも少し冷やした方が好ましい場合が多い。ただし、冷やしすぎると、渋みが強く感じられてしまうので、**あらかじめ冷蔵庫の野菜室に入れておき、飲む数時間前に出しておく**のがベスト。赤ワインの中でも、味わいに応じて、適温も微妙に変わってくる。渋みの強いフルボディは16~18℃と常温に近く、ライトボディは14~16℃と、少し温度を下げる方がおいしい。

辛口の白ワインやロゼは、冷蔵庫から出して、少しおくくらいですぐ飲み頃になる。甘口の白やスパークリングワインは、キリッと冷えているところを飲みたい。ただし、高級な白ワインなどの場合、ある程度は温度を上げてから飲んだ方が、芳醇な香りを感じやすくなることもある。

おいしく飲める適温

赤ワインは渋みと果実味で、白ワインは酸味と果実味で、
おいしく飲める温度が違う。日本の四季の気温も、温度管理の参考に。

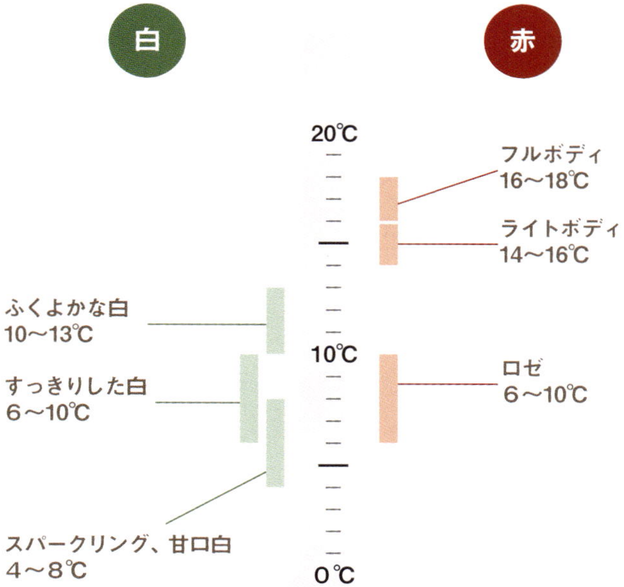

●東京のだいたいの気温

春　15℃前後

夏　25℃前後

秋　18℃前後

冬　6℃前後

ワインが飲みきれないときの活用法を覚えておこう

開けた次の日に飲みきれない場合は、料理かカクテルに スパークリングワインは天ぷらに使うのがおすすめ

開けたワインがその日に飲みきれず、困った経験はないだろうか。基本的に、コルクでふたをして冷蔵庫に入れれば次の日くらいまで、ボトルの空気を抜いて鮮度を保つワインセーバーなどのグッズを使えば4～5日は、味わいを楽しめる。もし、ワインの味が好みではなかった場合や、さらに数日経ってしまった場合は、カクテルや料理などにして、最後まで楽しみたい。

スパークリングワインは、揚げる前の天ぷらの衣に混ぜるのがおすすめ。気泡の効果で、天ぷらのサクサク感が増す。**赤ワインは煮込み料理**に。お肉を漬け込んだり、一緒に煮たりすると、肉のうまみが増しておいしくなる。**白ワインなら、きのこや魚の蒸しものにふりかけてから加熱**すると風味が増す。また、簡単に楽しめるカクテルレシピも覚えておきたい。

ワインを使ったカンタン・カクテル

下記の割合で、ワインとジュースや炭酸水、リキュールをミックスするだけ。
ジュースを使用する場合は、フレッシュなものがおすすめ。

スプリッツァー

白ワイン×炭酸水

1：1

カリモーチョ

赤ワイン×コーラ

1：1

キール

白ワイン×
カシスリキュール

4：1

ミモザ

スパークリングワイン×
オレンジジュース

1：1

キティ

赤ワイン×
ジンジャーエール

1：1

サングリア

赤ワインor白ワイン
＋
オレンジ、グレープフルーツ、
りんご、キウイなどの
フルーツ適量、
オレンジジュース適量

一口大にカットしたフルーツとオレンジジュース、好みのワインをミックスし、冷蔵庫で一晩置くと完成。

実践編

自分では選ばないワインが飲める魅力！「ワイン会」に参加してみよう！

シーズンに合わせて、産地を絞って……テーマを設けて開催すると面白い

ワイン好きで集まって、持ち寄りするワイン会も楽しいもの。持ち込みＯＫ（有料の場合が多い）のレストランで開催することもできる。それぞれの**担当（白担当、泡担当など）を決めて、いろいろなワインを持ち寄る**のも楽しいし、「テーマ」を決めて開催するのもいい。「梅雨のシーズンに飲みたいワイン」「ブルゴーニュのワイン」など、シーズンや産地のしばりを設けて、**テーマに合ったワイン**を持って来る。

そうすると、ワインについての知識も深まるし、意外な発見があったりする。例えば、あまり目にしない「ブルゴーニュのソーヴィニヨン・ブラン」など、少しひねりを利かせたセレクトに出会えたりするのも、ワイン会ならではの面白さ。

ワイン会のテーマ例

季節に合わせる、食材や産地でしばりを設ける、誕生日に合わせるなど、
様々なテーマを考えるのも楽しい。

春

- **桜×ロゼワイン**
  桜のピンクに合わせてロゼをセレクト。
- **新出発のワイン**
  「アタ・ランギ」(新出発)という名前のワインなどで。
- **白ワインでランチ会**
  春のランチにぴったりのさわやかな白で。

夏

- **世界の泡**
  フランスのシャンパン、スペインのカヴァなどで爽快な気分に。
- **暑い時季に飲みたいワイン**
  すがすがしいソーヴィニヨン・ブランなど。
- **旬の牡蠣でワイン会**
  いろいろな調理法の牡蠣料理と合わせて。ハモやアユなどもいい。

冬

- **新春ワイン会**
  赤ワインと白ワインの紅白でおめでたく。
- **和食に合うロゼ**
  お正月のおせちなどに合うロゼワインで。
- **上昇のスパークリング**
  一年のスタートを祝ってスパークリングで。

秋

- **熟成ワインの会**
  熟成香（トリュフなど）つながりで、きのこ料理と合わせて。
- **ＢＢＱワイン**
  がっつりお肉に合う、重めの赤ワインで。
- **ヌーボーの会**
  フランスやイタリア、山梨など世界の新酒を。

そのほか

- **ヴィンテージワイン**　誕生日の人のヴィンテージワインを持ち寄る。
- **怖くて開けられないワイン**　持っているけど飲み頃が過ぎたワインなど。
- **ワインでフランス一周**　ボルドーやブルゴーニュなど、全土を味わう。

知っておくだけでワイン通！魅惑の高級ワイン

高価格の理由は、こだわりの栽培方法とこだわるがゆえの希少価値

あまりにも有名な「D.R.C.（ドメーヌ・ド・ラ・ロマネコンティ）」をはじめとする、高級ワイン。その価格の価値は、希少性はもちろん、ワインにかけられている手間や技術と言える。

例えば、**甘口ワインの王様と名高い「シャトー・ディケム」の貴腐ワイン**は、1本の木からワイン1杯しか取れないと言われるような、超貴重なワイン。また、出来のよくない年は、ワインの製造を取りやめたりする場合があるほど、ブランドに対して強いこだわりを持っている。

次のページから紹介する、各国を代表する高級ワインに加え、**ブルゴーニュの神様と呼ばれる「アンリ・ジャイエ」**、**スペインのテンプラニーリョを代表する「ウニコ」**、**日本企業の社長がオーナーの「ケンゾーエステート」**なども覚えておきたい。

高級ワインをもっと知ろう！

いつかは飲んでみたい憧れ、世界でも有数の高級ワインを紹介。
それぞれのバックグラウンドや歴史を知ると、さらに興味深い。

フランス／ブルゴーニュ

世界最高の醸造所

ドメーヌ・ド・ラ・ロマネコンティ（D.R.C.）

創業13世紀頃

ラインアップの全てが高級ワイン。
「ロマネ・コンティ」など単独で所有している
畑もあり、独自の高い付加価値を生み出している。

ブランドHISTORY

ブルゴーニュ地方のヴォーヌ・ロマネ村で、修道院が始めた醸造所。醸造所の名前は、所有するワイン畑「ロマネ・コンティ」から。
D.R.C.の代表的なワイン。

D.R.C.の代表的なワイン

- ロマネ・コンティ
- モンラッシェ
- ラ・ターシュ
- エシェゾー

醸造元を象徴する畑の名前が冠された、D.R.C.最高峰の赤ワイン。味わいは壮麗で豪華、余韻の長さもすばらしい。ロマネ・コンティ／¥1,580,000～／勝田商店

フランス／ボルドー

ボルドー五大シャトーのひとつ

シャトー・ムートン・ロートシルト

創業1853年

ボルドーのメドック地区を中心に、一級の格付けを
獲得している、五大シャトーのひとつ。
カベルネ・ソーヴィニヨン主体の赤ワイン。

ブランドHISTORY

1853年から現在の名前に。
ボルドーで100年以上も変更されなかった1855年からの格付けを覆し、1973年から第一級となった唯一のシャトー。

シャトーの名前を冠した赤ワイン。著名アーティストによる、毎年のラベルデザインも話題。シャトー・ムートン・ロートシルト／¥55,000／2013年／エノテカ

作柄のいい年に収穫されたぶどうのみで、絶妙なバランスで造られた高品質シャンパン。右からドン ペリニヨン／¥23,000／2006年、ドン ペリニヨン ロゼ／¥41,000／2004年／MHD

フランス／シャンパーニュ

「シャンパーニュの父」の
高品質シャンパン

ドン ペリニヨン

創業1743年

ぶどうの作柄がよい年のみに仕込みを行う、徹底したスタイル。出荷前に少なくとも8年間の熟成を経た、複雑で奥深い味わいも魅力。

ブランドHISTORY

17世紀に、シャンパーニュ製法の基礎を築いた修道士、ドン ペリニヨン。その「最高のワインを造る」という思いを受け継ぐ。

イタリア／ピエモンテ

イタリアワイン界のトップに
君臨する重厚な赤

ガヤ

創業1859年

創設以降、徹底して品質にこだわる、ガヤスタイルを作り上げた。フラッグシップであるバルバレスコが、高い評価を誇る。

ブランドHISTORY

1859年にワイナリーを創設。バリック（小樽）の導入や、ブルゴーニュのような単一畑でのワイン生産など、革新を続けてきた。

**ガヤの
代表的なワイン**
● バルバレスコ

強烈なタンニン（渋み）が持ち味のネッビオーロを、バリックを用いた製法でやわらかく仕上げた。バランスのとれた味わい。バルバレスコ／¥22,000／2012年／エノテカ

ボルドーの伝統的なワイン製法を用い、カリフォルニアの豊饒なテロワール（気候や土壌）を生かした、唯一の高品質ワイン。オーパス・ワン／¥45,000／2012年／エノテカ

アメリカ／カリフォルニア

バロン・フィリップ・ド・ロートシルトとロバート・モンダヴィの共同事業

オーパス・ワン

創業1978年

ボルドーの一級シャトーの生産者と、カリフォルニアワイン界の重鎮・ロバート・モンダヴィが興した、最高級のカリフォルニアワイン。

ブランドHISTORY

1979年に、初めてワインをリリース。1991年にワイナリーをオープン。以来、カリフォルニアワインの知名度と信頼を高めている。

オーストラリア

オーストラリア最高峰のワインメーカー

ペンフォールズ

創業1844年

複数の畑の、複数のぶどうをブレンドする方式を採用。ヴィンテージによって味わいが異なる、ペンフォールズ独自のスタイルを持つ。

ブランドHISTORY

1844年、ローソン医師が始めたワイン造りが起源。1950年代の「グランジ」の登場で、オーストラリア最高峰のワインメーカーに。

ペンフォールズの代表的な高級ワイン

● グランジ

栽培地の収穫量の5％という厳選されたぶどうのみを使用。ボルドーの長期熟成スタイルを踏襲し、高いポテンシャルを持つ。グランジ／¥100,000／2011年／サッポロビール

知っトク!
ワイン用語
9

「ロバート・パーカー」

世界のワインに大きな影響を及ぼす評論家

PP(パーカーポイント)の導入

ワインを購入しようとすると、サイトやショップなどで、たびたび目にする「PP(パーカーポイント)00点獲得!」という言葉。

パーカーポイントとは、世界で最も影響力があるとされるワイン評論家、ロバート・パーカー氏がつける、ワインに対する評価ポイントシステム。パーカー氏はもともと弁護士だったが、ワイン好きが高じて、1978年からワインの小売業者向けの情報誌(現在の「ザ・ワイン・アドヴォケイト」)を発行。その中で、100点満点でワインを評価する方法を編み出し、ワイン業界に衝撃を与えた(現在は編集長を退任)。

高得点をつけられたワインは、宣伝や広告なしでも、自然に売れていくようになる。圧倒的なテイスティング能力で、ワイン業界を左右する重要人物だ。

市場を動かすワイン評論家たち

ワイン評論家の中で、特に覚えておきたいのは2人。アメリカのロバート・パーカー氏と、イギリスのジャンシス・ロビンソン女史だ。ジャンシス・ロビンソン女史は、日本の甲州ワインを高評価し、世界的な価値を高めたことでも知られる。

両者は、市場を動かす強い影響力を持つ。彼らの評価に従って、ワインの需要が高まり、価格が高騰することもザラ。

パーカー氏の評価は、規模の大きいアメリカ市場をはじめ、世界を動かす。ジャンシス・ロビンソン女史は、ワインをほとんど生産していないイギリスの評論家。世界のワインが一堂に集まるイギリスだからこそ、総合的にバランスのとれた評価が期待できる。

10杯目

White

KOSHU

甲州

透明度の高い、淡い色合いと
上品な酸味が特徴。
湧き出る清水のような
さわやかさを持つ、
日本ぶどうの定番。
プロフィールはP.24へ！

職業
ワイナリーのガイド

ガタン
ゴトン
山梨のワイナリー見学に
やって来たマリア
勝沼ぶどう郷駅
タクシー！
わぁ
ここね！
WINE

しっかり勉強しようと思って
見学ツアーも申し込んじゃったもんね！
僕の名前は甲州
今日は僕がご案内したいと思います
なんて涼しげな雰囲気の人……！
澄んだ瞳
まずはぶどう畑に行きましょう

わぁ
すご〜い
これ全部1本のぶどうの木なのね
海外では垣根仕立てですが、日本では気候に合わせて棚仕立てが主流なんです※
これが甲州ぶどうです
きれいな藤色……

※日本は梅雨があるため、ぶどうが高い場所にある棚での栽培が、病気を防ぐために適していると言われる

ぶどうの搾り汁を熟成するので
皮に色がついていても白ワインになるんですよ
それにしても暑い！けど
甲州はむしろ涼しそう……！
甲州ワイン飲んでみますか？
きっと驚きますよ
これです
甲州
すごい！お水みたいな透明感！

クン
さわやかで
コク
見た目と同じ！すごく飲みやすい
洗練された味わいね
体になじむ味でしょう？
〝潤いのワイン〟とも言われるんですよ
そう 甲州の存在もこのワインみたい……
主張しすぎず いつもそばにいてくれる
んっ？
ポスターや雑誌の表紙……飾っているのは彼？
世界のぶどう
世界に選ばれた甲州
甲州って自然体なのに意外とすごい……？
さ、ここでツアーは終了です

あ、もう？
はやーい
でも
マリアさんにはもっといろんな僕を知ってもらいたいな
わっ地下セラー！
樽の中で熟成させると
ワインに樽香っていう独特の香りがつくんだ
樽ってよく聞くけどわからなくて
これが樽で熟成させた「甲州」飲んでみて
スッ
さっきよりトロッとしてる
色もついてる…
バニラみたいな香りがしない？それが、樽熟成の特徴
透明に近い甲州もいいけど、これもコクがあっておいしい！

気に入ってもらえてよかった
もうひとつ、とっておきの場所があるよ
日本のぶどうだからかな……甲州といるとなんだか落ち着く
おーい!
ザッ

ここはぶどうの見本畑
いろんなぶどうが栽培されてる
日本でも、欧州系のワインぶどうが育てられているんだよ
みんな……!!

ワイナリー取材協力／勝沼・グレイスワイナリー（P.252）、シャトー・メルシャン（P.253）

みんな……
ありがとう!
あ〜
疲れた〜
彼らとの
出会いは
夢……?
お願いします
でも、大丈夫
グラスを
のぞけば、
いつでも彼らに
会えるから!
ちょっと寄って
帰っちゃお
今日も
会いに来たよ♪

ー完ー

日本のワイン

和食に合う！　国産ぶどうにこだわった「日本ワイン」を飲んでみよう

日本で栽培され、日本で醸造されたワインが「日本ワイン」と呼ばれる

「日本ワイン」という言葉を聞いたことがあるだろうか。現在は、国産ではなく海外産の濃縮果汁を使ったワイン、安価で輸入されたワインも、最終的に国内で製造すれば「国産ワイン」と呼ぶことができる。そのため、**純粋に国産のぶどうを使って造られたワイン**を区別するために、使われ始めた言葉だ。

国内でも、地域ごとにワインの特色がちがうので、覚えておくと面白い。例えば**山梨は、甲州やマスカット・ベーリーAなど、日本ならではのぶどう品種に強い**。**長野では近年、国際品種に力を入れており、特にメルローに注目が集まる**。マンズワイン「ソラリス」などの高級ワインが有名。北陸は、「カーブドッチ」のアルバリーニョなど、個性豊かなワインが目立つ。

世界的な価値が高まる「甲州」和食に合う赤「マスカット・ベーリーA」

1000年以上前、仏教の伝来とともにシルクロードを経由して日本に上陸したとされる、甲州の歴史は古い。透明度が高くすっきりとした辛口で、素材の味わいを生かした刺身や天ぷらなどによく合う。山梨を中心に栽培され、近年、勝沼の「グレイスワイナリー」が造る甲州ワインが、イギリスの著名なワイン評論家に高い評価を受け、話題となった。また、大手メーカーが手がける「シャトー・メルシャン」は、国産のぶどうを使って、日本ワインのアイデンティティを追求するブランド。研究を重ねた甲州ワインが、高評価を受けている。現在も、海外の栽培法や醸造法を取り入れるなど、甲州の品質を向上させる試みが続けられている。

また、マスカット・ベーリーAも存在感を強める。新潟の「岩の原葡萄園」の創始者・川上善兵衛《ぜんべえ》が品種交配して作った、日本独自の品種。もともとは、生食用にもなるジューシーなぶどうで、甘口ワインに使用されることが多かった。しかし、**辛口のマスカット・ベーリーAは、しょうゆやみそなどの調味料と相性抜群**。最近は辛口の人気が高く、家庭料理にも合うカジュアルな食事用ワインとして、定番化してきている。同葡萄園「深雪花《みゆきばな》」などが有名。

独自のこだわりが光る！ 日本ワイナリーMAP

日本の風土と気候を生かし、こだわりのワインを造るワイナリーを紹介する。

Ⓐ 北海道

ドメーヌ・タカヒコ

北海道の風土を生かしたピノ・ノワール

ピノ・ノワールに特化して、自然なワイン造りを目指す。ブランドを代表する「ナナツモリ　ピノ・ノワール」は、自社農園のぶどうを使ったビオワイン。（直売、見学は不可）

http://www.takahiko.co.jp/

Ⓔ 山梨県

ドメーヌ ミエ・イケノ

八ヶ岳の麓、天空のぶどう畑

標高750mの丘陵地に広がるぶどう畑。ぶどう造りから醸造までを、自社で一貫して行う。（見学不可、イベント時のみ公開。ワインの詳細はP.254）

勝沼・グレイスワイナリー

甲州種について詳しく学べる

1923年に創業した老舗ワイナリー。甲州ぶどうの歴史を学びながら試飲をしたり、ぶどう畑の見学ができる。（ワインの詳細はP.252）

☎0553-44-1230（中央葡萄酒）
山梨県甲州市勝沼町等々力173

シャトー・メルシャン

楽しみながら学べる体験型ワイナリー

ワインの樽育成庫（写真）やワイン資料館の見学、試飲などを通して、日本ワインの歴史や魅力にふれられる。（ワインの詳細はP.253）

☎0553-44-1011
山梨県甲州市勝沼町下岩崎1425-1

登美の丘ワイナリー

雄大な富士山と甲府盆地を一望

1909年開園。試飲も可能なぶどう畑。製造工程の見学ツアーがある。「登美の丘　赤」¥3,650は、自園産ぶどうを100%使用したワイン。

☎0551-28-7311
山梨県甲斐市大垈《おおぬた》2786

ルミエールワイナリー

ぶどう畑や醸造の様子を見学できる

昔ながらの発酵施設「石蔵発酵槽」（写真）などを見学できる。ショップでは購入前に無料試飲ができる。（ワインの詳細はP.254）

☎0553-47-0207
山梨県笛吹市一宮町南野呂624

Ⓑ 新潟県

岩の原葡萄園

日本ワインの父が興した
ワイナリー

「日本のワインぶどうの父」と呼ばれ、マスカット・ベーリーAを生んだ、川上善兵衛が創業者。見学や試飲が可能。（ワインの詳細はP.255）

☎025-528-4002
新潟県上越市大字北方1223

カーブドッチ

ワインの魅力にふれる
宿泊体験

新潟の自然と、広大なぶどう畑に囲まれたワイナリー。地元の食材を楽しめるレストランや宿泊施設も併設する。（ワインの詳細はP.255）

☎0256-77-2288
新潟県新潟市西蒲区角田浜1661

Ⓓ 長野県

マンズワイン
小諸ワイナリー

約三千坪の日本庭園で
くつろげる

こだわりの日本ワインを造る、キッコーマンのワイナリー。見学の後は、広大な日本庭園「万酔園」を散策しよう。（ワインの詳細はP.254）

☎0267-22-6341
長野県小諸市諸375

Ⓒ 富山県

セイズファーム

レストランとワイナリーが
一体化した農園

富山・氷見の丘の上にある農園。地元の食材を使ったレストランでの食事のほか、ワイナリー見学や農作業体験も。（ワインの詳細はP.255）

☎0766-72-8288
富山県氷見市余川字北山238

Ⓖ 島根県

奥出雲葡萄園

自然と向き合うワイナリー

土地の生態系を乱すことのない農業を心がけている。「奥出雲ワイン シャルドネ」¥3,240（税込み）は、樽熟成の辛口白ワイン。

☎0854-42-3480
島根県雲南市木次町寺領2273-1

Ⓕ 京都府

丹波ワイナリー

京丹波の食とのマリアージュ

日本の風土や食文化に合うワイン造りを目指す。見学と試飲は無料。「てぐみデラウェア」¥1,500は無添加の微発泡ワイン。

☎0771-82-2003
京都府船井郡京丹波町豊田千原83

※ワイナリーの具体的な見学情報については、各ワイナリーにお問い合わせください。見学ができないワイナリーもあります。
※掲載商品の価格は参考価格です。

知っトク! ワイン用語 10

「シンデレラ・ワイン」

市場価値が認められ、値段が高沸するワイン

「ガレージ・ワイン」としてスタートしたワインも多い

数年前までほとんど無名だったのに、いきなり注目を集めて、市場価値が跳ね上がったワインを、「シンデレラ・ワイン」と呼ぶ。

元々は、家族経営の小規模ワイナリーなどが、自宅のガレージなどで細々と造っていた、「ガレージ・ワイン」と呼ばれるワインである場合も多い。畑の規模が小さいので、生産量がとても少なく、需要に対する供給が追い付かずに、一気に価格が跳ね上がってしまう。

フランスでいうと、ボルドー右岸（ボルドー地方を流れている川の、左岸と右岸にワインの生産地が広がっている。左岸には五大シャトーがあることで有名）の「ペトリュス」や「ル・パン」などのシャトー。特にル・パンは、1980年代頃から評価され、10年ほどの短期間で高級ワインの仲間入りを果たした。

イタリアの格付けにない「スーパートスカーナ」

イタリアのワインメーカーが、フランスのボルドーブレンドのワインに憧れを覚え、カベルネ・ソーヴィニヨンなどを使用したワイン造りに挑戦する場合がある。イタリアの格付け法で使うべき品種を無視して造るので、格付け的には「テーブルワイン」のランクになる。

しかし、イタリア「サッシカイヤ」などに代表される「スーパートスカーナ」と呼ばれるワインは、そのおいしさに人気が高まり、市場価値が急騰。格付け法では下のランクのワインが一躍市場のトップに立ったことで、見事昇格を果たし、シンデレラ・ワインになった。

1000円以下から探せる！

テーマで選ぶワイン SELECTION

監修・瀬川あずさが厳選した、ハズれなしのワインが集合。
自分で楽しむのはもちろん、贈り物にも喜ばれる！

アラウンド1000円　アラウンド3000円　著名ワイナリー
エチケットが素敵　ストーリーがある　和食に合う　日本ワイン

※掲載商品の価格は参考価格です。実際とは異なる可能性があります。また、表示のない限り、税抜き価格で表記しています。
※商品は2016年10月現在のものです。時季によって売り切れの場合もあります。

気軽に楽しむ♪

アラウンド 1000円のワイン

安価で楽しめるから、ぶどう品種別にワインを買いそろえて、飲み比べるのもおすすめ。

華やかな果実味とスパイシーなニュアンスが特徴の、オーストラリアならではの赤。

シラーズ

カベルネ・ソーヴィニヨン　シラーズ　メルロー　ピノ・ノワール

重め ← 軽め

ソーヴィニヨン・ブラン　シャルドネ　モスカート

さわやか ← フルーティ

（上）右から、なめらかな口当たりのピノ・ノワール、果実味あふれるメルロー、パワフルなカベルネ。
（下）右から、甘口のモスカート、バニラの香りのシャルドネ、フレッシュでさわやかなソーヴィニヨン・ブラン。

オーストラリア

オーストラリアワインの定番！

［イエローテイル］

世界で愛されるオーストラリアの定番ワイン。シラーズをはじめ、肩ひじはらず楽しめるスタイルが人気。ワラビーのラベルが目印。／サッポロビール

各¥1,007

高コスパワインの代表！
コノスル ヴァラエタルシリーズ

チリ

ワイン初心者から愛好家まで幅広く愛される、高品質なチリワインの代表格。ぶどうの個性がしっかり感じられる単一品種のワイン。／楽天・酒のいしかわ

各¥678

ソーヴィニヨン・ブラン　ゲヴュルツトラミネール　リースリング　ヴィオニエ　シャルドネ

基本的なぶどう品種は、ほとんどラインアップされているので、セットで買って飲み比べるのもおすすめ。基本的に、どのワインを買っても大きなハズレがないのが、コノスルブランドの安心感。

すっきり ← まろやか

カベルネ・ソーヴィニヨン　シラー　メルロー　カルメネール　ピノ・ノワール

重め ← 軽め

ピノ・ノワール

低価格で高品質なピノ・ノワールを実現。心地よいベリーの果実味にあふれた、素直な味わいの赤ワイン。

赤 Red

フルーティ

フランス／ラングドック・ルーション

かわいらしいのに高品質

ラ パッション グルナッシュ

毎年変わるチャーミングなエチケット。いちごジャムのような甘い香りと、濃厚な果実の味わい。南仏のワインらしい華やかさが楽しめる、ハイクオリティな１本。／楽天・酒のいしかわ

グルナッシュ

¥999

重め

フランス／ボルドー

手軽に手に入るボルドー

シャトー・オー・ヴュー・シェーヌ

リヨン国際ワインコンクールで、金賞の受賞歴がある、オーガニックなボルドーワイン。コクのあるタンニン（渋み）と、エレガントな余韻が特徴。／楽天・ワインスクエアー・アズマヅル

メルロー、カベルネ・ソーヴィニョン、カベルネ・フラン

¥924

オーストラリア

オーストラリアの主要品種

ジェイコブス・クリーク シラーズ・カベルネ

海外への輸出量がオーストラリアでトップの、グローバルブランドを代表するワイン。フレッシュで飲みやすい、パワフルな赤。シラーズが主体のオーストラリアらしいブレンド。／楽天・酒類の総合専門店フェリシティー

シラーズ、カベルネ・ソーヴィニヨン

¥854

重め

フルーティ

スペイン

現代的なスペインワイン

イゲルエラ

濃厚な果実感あふれる味わいと、やわらかな渋味。ワイン評論家のロバート・パーカーも異例の高得点をつけた赤。ぶどうは、ガルナッチャ（グルナッシュ）の交配種を100％使用。／楽天・お手軽ワイン館

ガルナッチャ・ティントレラ

¥980

イタリア

食事と共にあるワイン

フェウド・アランチョ ネロ・ダーヴォラ

シチリアの開放感をイメージさせる、果実味にあふれたなめらかさ。徹底した品質管理と最新の醸造技術を用いて造られた、単一品種の赤ワイン。料理との相性のよさも抜群。／楽天・良酒百貨BEANS

ネロ・ダーヴォラ

¥878

フルーティ

赤 Red

濃厚

アメリカ

アメリカならではの品種

デリカート・ファミリー ウッドヘーヴン ジンファンデル

親しみやすく飲みやすい、アメリカ独自の品種・ジンファンデル。ジンファンデルの代名詞的な醸造所が造るワイン。プラムやチェリーのアロマに満ちた、緻密で優しい味わい。／楽天・ヒグチワイン

ジンファンデル

¥1,300(税込み)

アメリカ

品種の個性を美しく表現

ペッパーウッド・グローヴ カベルネ・ソーヴィニヨン

「アメリカン・ワイナリー・オブ・ザ・イヤー」を受賞した造り手が手がける、きめ細やかな味わいとおだやかな渋味が印象的なカベルネ。ラズベリーや杉、ハーブの香り。／ワイン・イン・スタイル

カベルネ・ソーヴィニヨン、メルロー、グルナッシュ

¥1,750

まろやか

濃厚

チリ

定評のあるチリのメルロー

テラノブレ メルロー

完熟したメルローを使用し、濃厚な味わいに仕上げた。メルロー本来のエレガントさを十分に引き出した、華やかなチリワイン。たんぽぽのエチケットもかわいい。／楽天・うきうきワインの玉手箱

メルロー

¥666

白 White

フレッシュ

南アフリカ

フレッシュでトロピカル

マン・ヴィントナーズ オーカ シュナン・ブラン

一部を樽発酵することで、みずみずしくフレッシュな中に、ボリューム感のあるワインに仕上がった。南アフリカワインのコスパの高さを実感。飲み飽きない白。／楽天・ワインショップ葡萄館

シュナン・ブラン

¥1,000

辛口

ポルトガル

猫のラベルの微発泡ワイン

ボルゲス ガタオ・ヴィーニョ・ヴェルデ フラゴンボトル

ワイン名はポルトガルのワイン産地「ヴィーニョ・ヴェルデ」＝「緑のワイン」から。冷やして飲むとおいしい、やや辛口な微発泡の白。猫のラベルがチャーミング。／楽天・伊豆のワイン蔵なかじまや

アザール、ペデルナン、トラジャドゥラ、アヴェッソ

¥900

フルーティ

イタリア

イタリアンレストランの定番

サルトーリ ソアーヴェ オーガニック

ヴェネト州を代表する白ワイン。フルーティかつすっきりとした飲み口で、スイスイ飲める。化学肥料を一切使わずに育てたぶどうで造られた、イタリア政府認定のビオ。／楽天・お手軽ワイン館

ガルガーネガ、トレッビアーノ

¥920

白 White

甘口

アメリカ

アメリカの大ヒットワイン

ベアフット・セラーズ・ワイナリー ベアフット モスカート

上品で華やかな香りが特徴。オレンジや桃などのアロマを感じる、やや甘口のワイン。カジュアルで飲みやすい味わいが支持され、販売数は全米No.1。／楽天・うきうきワインの玉手箱

モスカート、シュナン・ブラン

¥856

チリ

造りも価格も名前もエコ

エミリアーナ エコ・バランス ソーヴィニヨン・ブラン

環境保全への関心によって生まれた、有機栽培のぶどうを主に使ったエコワイン。果実感と酸味とのバランスがよく、余韻の長さも特徴。価格もエコで買いやすい。／楽天・ただワインが好きなだけ

ソーヴィニヨン・ブラン

¥905

酸味

ふくよか

アルゼンチン

アルゼンチンを代表する白

コンドール・アンディーノ シャルドネ

マンゴーやパイナップルのようなボリュームのある香りと、コクが豊かで飲みごたえのある味わい。アルゼンチンでの知名度第一位の、リーズナブルなデイリーワイン。／楽天・マイワインクラブ

シャルドネ

¥920

オーストラリア

世界初の缶入りワイン

バロークス プレミアム・シリーズ

国際ワインコンクールで、数々の賞に輝いた缶入りワイン。オーストラリア南東部で生産された本格派ワインを、気軽に味わおう。特に人気のスパークリングタイプは4種類。／日本酒類販売

各¥500

フルーティ

スパークリング
シャルドネ・セミヨン

甘口

スパークリング
モスカート

軽め

スパークリング
ロゼ

重め

スパークリング
カベルネ・メルロー

泡

Sparkring

辛口

オーストラリア

食事にぴったりの辛口の泡

デ・ボルトリ DBスパークリング・ブリュット

コスパ抜群の商品で有名な「デ・ボルトリ」は、オーストラリア最大級のワイナリー。特に、シャープでキレのよいスパークリングワインは、他にはないコスパ感。／楽天・ワインスクエアーアズマヅル

サルタナ、ピノ・ノワール

¥810

ハズレなし！
おもたせにも◎

アラウンド3000円のワイン

おもたせや贈り物にぴったり。味、品質ともに、間違いのないラインアップが勢ぞろい。

フランス／ブルゴーニュ

フランス国民に愛され続ける味

ジル・ブートン サン・トーバン レ・ザルジエール ブラン

ブルゴーニュで、白ワインの頂点と言われるモンラッシェ村。その特徴と類似するサン・トーバン村の、歴史あるトップ・ドメーヌ。ピュアでナチュラルな味わいのシャルドネ。／ヴァンパッシオン

シャルドネ

¥3,800

辛口

濃厚

フランス／ボルドー

ボルドー発のシンデレラ・ワイン

シャトー・プピーユ

フランスのワインコンテストで、ボルドーの高級ワイン「ペトリュス」と競い合ったことで話題に。メルローの緻密さとしなやかさが全面に感じられる。／楽天・ワインショップソムリエ

メルロー

¥3,300

スペイン

クオリティ抜群のフルボディ赤

ペスケラ ティント・クリアンサ

「スペインのペトリュス」と言われ、ボルドーの高級ワインと並び称される赤。スペインの土着品種・テンプラニーリョの魅力を余すことなく引き出している。／楽天・うきうきワインの玉手箱

テンプラニーリョ

¥2,980

重め

フレッシュ

フランス／ブルゴーニュ

フランス／ブルゴーニュ

ルフレーヴ マコン・ヴェルゼ

ブルゴーニュ屈指の白ワインの作り手として知られた、マダム・ルフレーヴの信念が反映された「ルフレーヴ」。その中でも比較的リーズナブルに味わえるワイン。／楽天・タカムラワインハウス

シャルドネ

¥3,866(税込み)

酸味

オーストラリア

ミネラル感あふれる高品質ワイン

ルーウィン・エステート・アートシリーズ リースリング

華やかかつエキゾチックなアロマと、フレッシュな酸味。ラベルのデザインにオーストラリアの若手アーティストを起用。毎年起用するアーティストを変えているものもある。／楽天・酒宝庫 MASHIMO

リースリング

¥2,400

日本／山梨

日本が世界に誇る甲州ワイン

甲州 鳥《とり》居《い》平《びら》畑 プライベートリザーブ

日本ぶどう発祥の地と言われる、勝沼・鳥居平地区。中でも凝縮度の高いぶどうを産する、特定畑のぶどうのみを使用。樽発酵で、甲州の透明感はそのままに奥深いスタイルに仕上げた。／中央葡萄酒

甲州

¥3,240

ふくよか

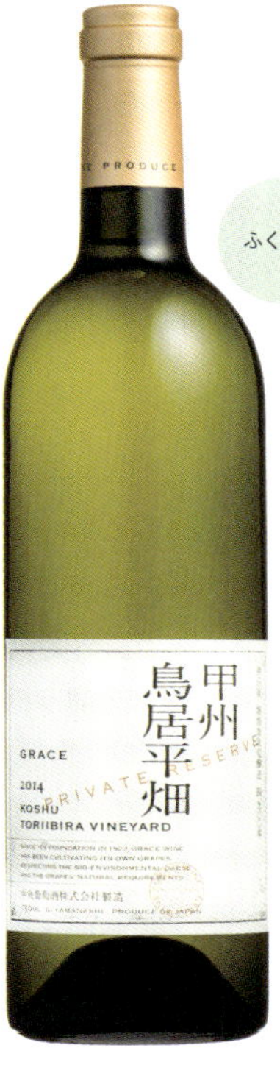

フレッシュ

ニュージーランド

ブランドを代表するワイン

クラウディー・ベイ ソーヴィニヨン・ブラン

フレッシュでどこまでもすがすがしい、ニュージーランドならではのソーヴィニヨン・ブラン。甘く華やかな香りと、辛口の味わいのギャップにも注目したい。／楽天・マリアージュ・ド・ケイ

ソーヴィニヨン・ブラン

¥2,700

ニュージーランド

「新しい出会い」のワイン

アタ・ランギ クリムゾン ピノ・ノワール

「アタ・ランギ」とは、マオリ語で「新しい始まり」という意味。「ニュージーランドのロマネ・コンティ」と称される人気ワイナリーの、リーズナブルなセカンドライン。／楽天・ヒグチワイン

ピノ・ノワール

¥4,000(税込み)

濃厚

高級ワインが
手の届く価格に！

3000円以内

著名ワイナリーのリーズナブル・ワイン

高級ワイナリーが手がける、気軽なスタイルのワイン。本家の血統を感じながら味わおう。

ふくよか

フランス／ボルドー

華やかで気品あるボルドー・ブラン

クラレンドル・ブラン バイ・シャトー・オー・ブリオン

「シャトー・オー・ブリオン」の血統を受け継ぐワイン。セミヨンのボリューム感とあふれる果実味を、ソーヴィニヨン・ブランのしっかりとしたミネラル感が引き締めている。／エノテカ

ソーヴィニヨン・ブラン、セミヨン、ミュスカデル

¥3,000／2014年

WINERY

シャトー・オー・ブリオン

フランスを救ったワイナリー

ボルドーの格付け第一級を持つ「五大シャトー」のひとつ。フランスが敗戦国となった際、講和会議でふるまわれ、フランスに有利な結果をもたらしたという逸話を残す。そのため、ボルドーの「メドック」地区を基準とする五大シャトーの中ではただひとつ、「グラーヴ」地区から選ばれたシャトー。

「クラレンドル」は、シャトー・オー・ブリオンを手がける経営陣が、培われたワイン造りの技術を生かし、気軽に楽しんでもらえるワインを目指した。ボルドーでも希少な白ワイン「シャトー・オー・ブリオン・ブラン」のスタイルを受け継ぐ。

WINERY

シャトー・ムートン・ロートシルト

毎年のアートラベルも人気

ボルドーの五大シャトーのひとつ。ピカソやシャガール、アンディー・ウォーホルなど、著名な芸術家のアートラベルは、コレクターも多い。

1930年に、ぶどうが不作となり、ワインを瓶詰めできなかったことから、そのぶどうを使ったワイン「ムートン・カデ」が造られた。「カデ」とは末っ子の意味で、この決断を下した男爵が、一族の末っ子であったことから。また、「ムートン直系のワイン」という意味もある。

以来、「ムートン・カデ」は高い品質を維持し、世界中で愛されている。

シャトー・ムートン・ロートシルト
／エノテカ
（詳細は P.205）

重め

フランス／ボルドー

ムートン直系のブランドワイン

ムートン・カデ レゼルヴ・メドック

「シャトー・ムートン・ロートシルト」の精神を受け継ぐボルドーワイン。中でも限られた地域で生産されるのが、「レゼルヴ」シリーズ。渋みとコクのバランスのとれた、心地よい味わい。／エノテカ

カベルネ・ソーヴィニヨン、メルロー、カベルネ・フラン

¥2,800／2013年

フルーティ

フランス／ブルゴーニュ

安心感のあるピノ・ノワール

ルイ・ジャド ブルゴーニュ ルージュ クーヴァン・デ・ジャコバン

赤い果実の香りとフルーティな味わいが特徴。熟成するとスパイスなどの複雑な香りが出てくる。ブルゴーニュの複数産地のピノ・ノワールぶどうをブレンドして造った、A.O.C ブルゴーニュ。／日本リカー

ピノ・ノワール

¥2,750

WINERY

ルイ・ジャド

150年続くブルゴーニュ地方の老舗

1859年に創業された老舗ドメーヌで、自社畑のほとんどが、グラン・クリュ（格付け1位の特級畑）とプルミエ・クリュ（2位の一級畑）。たくさんの銘醸畑を所有する、ブルゴーニュ有数の大規模ドメーヌだ。優れた品質のワインを提供する造り手として、世界的に高い評価を得ている。

「ルイ・ジャド」の名前の全てのワインが、ブルゴーニュのA.O.C.格付けワイン。ラベルは全て、ローマ神話の酒神バッカスを施したデザイン。最も高級な「グラン・クリュ」から、シンプルな「A.O.C.ブルゴーニュ」まで、同じ価値観でワイン造りが行われている。

軽やか

フランス／ブルゴーニュ

ワイン好き憧れのハイブランド

メゾン・ルロワ コトー・ブルギニョン・ルージュ

有名なブルゴーニュの醸造家、マダム・ルロワ。「メゾン・ルロワ」なら、比較的手が届きやすい。ブルゴーニュ産のぶどうをブレンドし、ライトで優しい味わいに仕上げた。／楽天・マリアージュ・ド・ケイ

ガメイ

¥2,200／2014年

WINERY

ルロワ

マダムが造る貴重なワイン

数あるブルゴーニュのドメーヌの中でも、別格の存在感を放つ。現在のオーナー、マダム・ルロワが、「ドメーヌ・ルロワ」「メゾン・ルロワ」の発展に力を注ぎ、ルロワの名声を築き上げた。

「ドメーヌ・ルロワ」は、「ワインの個性は土地が決定するもの」という考えに基づいている。畑の持つ個性を最大限に活用するために、ブルゴーニュでは最も早く、有機農法を取り入れたドメーヌのひとつ。生産量も圧倒的に少ない、貴重なワイン。

「メゾン・ルロワ」は、マダム・ルロワの厳しいテイスティングにより買い付けた良質のワインだけを、飲み頃になるまで熟成させたコレクション。

「クヌンガ・ヒル」とは、ペンフォールズの所有する栽培地からつけられた名前。高品質かつ、リッチでバランスのとれた味わい。ペンフォールズの醸造哲学がしっかりと反映されている。／サッポロビール

シラーズ、カベルネ・ソーヴィニヨン

¥2,000

WINERY

ペンフォールズ

オーストラリアワインの発展に貢献

1844年、イギリスから移住してきたクリストファー・ローソン博士が、医療を目的としたワイン造りを始めたのが始まり。1950年代、複数産地のワインをブレンドするという画期的な製法のワイン「グランジ」が脚光を浴び、世界に名が広まった。

イタリア

イタリアの老舗の味を気軽に

ヴィラ・アンティノリ・ロッソ

「アンティノリが所有する、トスカーナ最高の畑のぶどうを使用する」というコンセプトのもと造られた、親しみやすいスーパートスカーナ。バランスのよい渋味と濃厚な果実味を感じる味わい。／エノテカ

サンジョヴェーゼ、カベルネ・ソーヴィニヨン、メルロー、シラー

¥3,000／2013年

濃厚

WINERY

アンティノリ

イタリアワインの名門

1385年創業の歴史あるワイナリー。スーパートスカーナ「ティニャネロ」「ソラリア」を生み出し、世界で有名になった。ピエモンテなどイタリア全土に10以上のワイナリーを所有し、イタリアワインの伝統と歴史をけん引してきたトップメーカーのひとつ。

チリ

ラフィット・エレガンスが生きる

ロス ヴァスコス シャルドネ

冷涼で乾燥した、理想的な気候で造られる、高品質なチリワイン。ラフィットの知識と技術が惜しみなく注がれている。樽での熟成は行わず、フレッシュに仕上げたさわやかなシャルドネ。／サントリー

シャルドネ

¥1,650

フレッシュ

オーストラリア

「ペンフォールズ」の登竜門

ペンフォールズ クヌンガ・ヒル シラーズ・カベルネ

重め

WINERY

ロス ヴァスコス

チリの高品質ワインのパイオニア

ボルドーの五大シャトー、シャトー・ラフィット・ロートシルトの経営陣が、1988年より、チリの「ロス ヴァスコス」を取得。ラフィットのテクニカルディレクターの統括管理のもと、土地のメリットを最大限に生かしたワイン造りが行われている。

プレゼントにも
おすすめ！

エチケットにキュンとくるワイン

造り手の想いが込められた、印象深いエチケット。ラベル買いも、ワイン選びの醍醐味。

濃厚

スペイン

「セレステ」は星空の意味

トーレス セレステ・クリアンサ

エチケットとワイン名は生産地リベラ・デル・ドゥエロの標高900mの高地にある畑から望む、満天の星空に由来する。スペインワインらしい、しっかりと熟した果実味とボリューム感。／エノテカ

テンプラニーリョ

¥3,000／2013年

エレガント

辛口

フランス／ブルゴーニュ

伝統的な製法にこだわる

クリストフ・カミュ シャブリ

化学肥料や農薬には頼らずに造られたシャルドネを使った、滋味あふれる自然派シャブリ。ナチュラル志向を表す、てんとう虫や蝶があしらわれた、草原のイメージのエチケット。／コルク

シャルドネ

¥3,600（税込み）

アニマルモチーフ

辛口

フランス／アルザス

お祝いにも最適な招き猫

クレマン・クリュール キュヴェ マネキネコ

オーナーが来日したときに見た招き猫がモチーフ。有機農法で育てたぶどう2種をブレンドした、辛口のクレマン（シャンパーニュ以外の地方で、同じ製法で作られたスパークリング）。／コルク

ピノ・ブラン、ピノ・オーセロワ

¥3,700（税込み）

イタリア

犬好きにはたまらない♪

イエルマン ブラウ&ブラウ

立ち上がったボストンテリアが目印。ブルーベリーやシナモン、黒コショウなどの豊かな香り。酸味と共に骨太なタンニンと、北イタリアならではの引き締まった果実味が楽しめる。／エノテカ

フランコニア、ピノ・ネロ

¥4,200／2012年

重め

まろやか

ニュージーランド

日本人が始めたワイナリー

フライング・シープ サンジョヴェーゼ

元は牧羊地であった土地から始まったワイナリー。ワインの名前とエチケットは、引越しをする羊が飛ぶようであったため。黒い果実や黒コショウの香り、やわらかな渋味が特徴。／大沢ワインズ

サンジョヴェーゼ

¥3,000

アメリカ

造り手はパンクロッカー

チャールズ・スミス・ワインズ イヴ シャルドネ

オーナーのチャールズ・スミスは、元バンドマン。楽しく奇抜なラベルデザインにこだわった。カジュアルに楽しめる辛口のシャルドネ。ラベルのりんごの花のような、フローラルな香り。／コルク

シャルドネ

¥2,690（税込み）

辛口

重め

アメリカ

「古い映画」がコンセプト

フランシス・フォード・コッポラ・ワイナリー ディレクターズカット

映画界の巨匠、フランシス・コッポラ監督によるワイナリー。「ワインも芸術」という考えのもと、映画のフィルムを模したラベルが巻かれる、個性的な外観。／楽天・カリフォルニアワインあとりえ

カベルネ・ソーヴィニヨン

¥4,140

アート

フランス／ロワール

『星の王子さま』のワイン

エリック・ルイ メネトゥ・サロン ルージュ

生産者のエリック・ルイは、『星の王子さま』を読んだことをきっかけに、有機農法のワイン造りにまい進した。その本の挿絵から着想を得たエチケット。上品な酸味の、辛口のビオ。／コルク

ピノ・ノワール

¥3,000（税込み）

まろやか

酸味

スペイン

キスするうさぎがかわいい

ムアムア・ブランコ

「ムアムア」とは、スペイン語で「チュッ(キスの音)」の意味。音のかわいさからネーミングされた。ラベルもうさぎがキスするデザイン。軽やかな酸味のバランスのとれた味わい。／楽天・酒楽SHOP

ベルデボ

¥1,059

辛口

フランス／ラングドック・ルーション

バッグ型の本格ロゼワイン

ヴェルニサージュ ロゼ

お祝いやパーティにぴったりの、ファッショナブルなバッグ型。中にはワイン2本分の量(1500ml)が、空気にふれない構造の袋に入っている。袋には蛇口がついていて、少しずつ飲めて便利。／コルク

シラー

¥3,600(税込み)

女子受け必至

甘口

イタリア

2人の甘く切ない恋の味

ロミオ&ジュリエット ビアンコ

ロマンチックなネーミングとラベルデザインが魅力的。生産地のヴェネト州を舞台にした『ロミオとジュリエット』の物語にちなんで造られた。ほんのり甘口の白。／楽天・ワインショップ葡萄館

トレッビアーノ、ガルガーネガ

¥921

物語と一緒に
贈りたい！

ストーリーがあるワイン

まつわるストーリーも一緒に贈ると、そのワインに対する思いがグッと深まるはず。

フランス／ローヌ

点字も一緒に記載されたラベル

M.シャプティエ ペイ・ドック ブラン

ローヌの名門ワイナリー・シャプティエによる、心地よく飲めるデイリーな白ワイン。キレのよい酸味と、ナチュラルな飲み口。／楽天・マリアージュ・ド・ケイ

テレ、ヴェルメンティーノ

¥950

酸味

ワインにまつわる
Story

1996年から、ラベルに点字の記載を採用。シャプティエ家の友人に、盲目のフランス人歌手がおり、「いつもテーブルにこのワインがあることを確かめられれば」と言ったことが始まりという。

重め

ワインにまつわる
Story

1960年代、低品質のワインしかなかったカリフォルニアで、ワイナリーを始めたロバート・モンダヴィ。その情熱で、1979年には、「オーパス・ワン」など最高峰のワインを生み出すに至った。

アメリカ

ロバート・モンダヴィの入門編

ロバート・モンダヴィ ウッドブリッジ カベルネ・ソーヴィニヨン

「カリフォルニアワインの父」と言われ、カリフォルニアを代表する造り手による、親しみやすい赤ワイン。／楽天・ワインの総合専門店フェリシティー

カベルネ・ソーヴィニヨン

¥867

アメリカ

完成度の高さに定評があるピノ

オー・ボン・クリマ ピノ・ノワール サンタバーバラ カウンティー

ブルゴーニュさながらのエレガントさを目指し、洗練されたスタイルが人気を博す、カリフォルニアのピノ・ノワール。／楽天・うきうきワインの玉手箱

ピノ・ノワール

¥2,580(税込み)

ワインにまつわる

Story

日本限定リリースの「椿ラベル」。コンテンポラリー・アーティストとして第一人者である、椿昇氏のデザインだ。キャラクターは、ワインを造るうえで欠かせない酵母から着想した、"精霊"のイメージ。

辛口

ワインにまつわる

Story

「大きくなったら君のためにワインを造ろう」という約束を果たし、コッポラ監督が娘の結婚記念に贈ったワイン。ラベルの端には、父から見た娘を表現する、数々の形容詞が書き連ねられている。

軽やか

アメリカ

映画監督の娘の名前が冠される

フランシス・フォード・コッポラ・ワイナリー ソフィア ブラン・ド・ブラン

フランシス・コッポラ監督の娘、ソフィアの結婚を記念して造られた。軽やかな飲み心地の、洗練されたスパークリング。／楽天・ただワインが好きなだけ

ピノ・ブラン、マスカット、リースリング

¥2,840

素材の味を
生かす！

和食に
合うワイン

和食に合う海外品種も多数。特に辛口の白や、スパークリングワインなら外さない。

フランス／ブルゴーニュ

全て手摘みの高品質なシャブリ

ウィリアム　フェーブル
シャブリ

フレッシュなかんきつ系の香りとキレのある酸味が特徴。ピュアでクリーンな味わいが、素材を生かす和食にぴったり。／サントリー

シャルドネ

¥3,100

合わせたい和食

- 白身魚の刺身
- 焼き魚
- 天ぷら

酸味

合わせたい和食

- 天ぷら
- 肉、魚介、野菜など幅広く合わせられる

辛口

オーストラリア

オーストラリア大手と和のコラボ

ジェイコブス・クリーク
わ　スパークリング

和食の名人「銀座 寿司幸本店」「割烹日本橋とよだ」の店主が、ワインの味を監修。和食を引き立てるスパークリングワイン。／ジェイコブス・クリーク

シャルドネ、ピノ・ノワール、ピノ・グリージョ

¥1,986（税込み）

日本

家庭料理とぴったりの赤

ジャパンプレミアム マスカット・ベーリーA

マスカット・ベーリーAの華やかな香りと果実感を生かした、軽やかな赤ワイン。しょうゆやみそなどの調味料と相性抜群。家庭で楽しみたい赤。／サントリー

マスカット・ベーリーA

¥1,600

合わせたい和食

- マグロの刺身
- すき焼き
- 豚の角煮

軽やか

合わせたい和食

- 焼き魚（アユなど繊細な食材に）
- 白身魚の刺身

辛口

フランス／ロワール

シャブリに並びフランスを代表する白

パスカル ジョリヴェ サンセール

フランスでは、すっきりとした白として、シャブリと並んで愛されている。ソーヴィニヨン・ブランの銘醸地、ロワール地方のサンセール村産。／エノテカ

ソーヴィニヨン・ブラン

¥3,800／2015年

日本独自の繊細さ

日本ワイン＆ワイナリー

甲州やマスカット・ベーリーA、メルローなど、日本の風土を生かしたワインが注目される。

フレッシュ

まろやか

辛口

グレイス甲州

透明感あふれる、スタンダードな甲州ワイン。著名なワイン評論家にも、高い評価を受けた。

甲州

¥2,160（税込み）

グレイス グリド甲州

甲州の果皮（グリ）の成分をうまく引き出し、飲み心地よく仕上げた。家庭料理との相性抜群。

甲州

¥1,944（税込み）

グレイス ロゼ

日本屈指の日照を誇る、明野町の自社農園のぶどうを使用。さわやかな酸味の辛口ロゼ。

メルロー、カベルネ・ソーヴィニヨン、カベルネ・フラン、プティ・ヴェルド

¥2,700（税込み）

WINERY 勝沼・グレイスワイナリー

蔦のからまった建物は、ワイン貯蔵庫としても使われている、グレイスワインの原点。甲州ワインの試飲・購入もできる。

→P.222 参照

日本／山梨

世界でも高評価の甲州ワイン

中央葡萄酒

グレイスワインとして20カ国に輸出され、世界でも高い支持を得ているワイナリー。日本の気候風土でのぶどう栽培と甲州ぶどうにこだわり、その発展と品質の向上を目指す。

フレッシュ

甲州 きいろ香

甲州の香りの可能性を広げた、かんきつ系の香りがさわやかな白。

甲州

¥2,780

甘口

日本の地ワイン 大森リースリング

秋田県大森地区のリースリングを使用。酸味と甘みのほどよいバランス。

リースリング

¥1,310

まろやか

安曇野メルロー

長野県安曇野地区のメルローを使用。豊かな果実味と重厚な渋味。

メルロー

¥3,620

フルーティ

日本のあわ 穂坂マスカット・ベーリーA

山梨県穂坂地区のぶどうを使用。フルーティで豪華なロゼの泡。

マスカット・ベーリーA

¥2,160

WINERY シャトー・メルシャン

シャトー・メルシャンのワインを通して、日本ワインの魅力や歴史、ぶどう栽培、ワイン造りなどを楽しみながら学べる。

→P.222 参照

日本／山梨

日本ワインの原点となるブランド

シャトー・メルシャン

1877年、山梨・勝沼に、日本で最初に誕生した民間ワイン会社がルーツ。日本ワインでしか表現できない個性を追求し、「フィネス&エレガンス」をコンセプトにワインを造る。

日本／山梨

ルミエールワイナリー

WINERY

ルミエールワイナリー →P.222 参照

濃厚

山梨産の
テンプラニーリョ

プレステージクラス テンプラニーリョ

スペインを代表する品種を山梨で栽培し、樽で熟成。コンポートのような香りや、スパイスのニュアンスが漂う。

テンプラニーリョ

¥4,320（税込み）

フレッシュ

みずみずしい
甲州ワイン

甲州 シュールリー

澱と一緒に貯蔵する「シュールリー」製法を採用。ミネラル感とフレッシュさを残しながらも、厚みのある味わいに。

甲州

¥1,620（税込み）

日本／長野

マンズワイン

WINERY

マンズワイン　小諸ワイナリー
→P.223 参照

まろやか

メルローらしい
きめの細かい渋み

ソラリス 信州千曲川《ちくまがわ》産 メルロー

千曲川流域の、醸造用ぶどうの栽培に非常に適した土地で収穫したメルローを使用。なめらかで、バランスのよい味わい。

メルロー

¥5,000

日本／山梨

ドメーヌ ミエ・イケノ

WINERY

ドメーヌ ミエ・イケノ
→P.222 参照

酸味

芳醇なアロマと
凛とした酸味

月香 シャルドネ

月の輝く夜に収穫した、ナイトハーベストのシャルドネを使用。しっかりとした酸が特長。凛としたシャルドネの、神秘的な美しさを感じる。

シャルドネ

¥5,940（税込み）

日本／新潟

岩の原葡萄園

WINERY

岩の原葡萄園 → P.223 参照

辛口

食事にも
合わせやすい辛口

深雪花 ロゼ

こちらもマスカットベーリーAの魅力を、しっかりと感じられるロゼ。品種特有の、いちごの甘い香りが特徴の辛口。

マスカット・ベーリーA

¥2,017

軽やか

可憐な
雪椿のようなワイン

深雪花《みゆきばな》 赤

葡萄園の創業者・川上善兵衛が作り出したマスカット・ベーリーA。自園の完熟した果実を厳選して醸造。

マスカット・ベーリーA

¥2,017

日本／富山

セイズファーム

WINERY

セイズファーム

→ P.223 参照

まろやか

富山の自然を
感じるワイン

SAYS FARM プライベートリザーヴ シャルドネ

氷見《ひみ》の海風と山風をたくさん浴びて育ったシャルドネを、樽を使って丁寧に熟成。海が近い土地ならではの、魚との相性も抜群。

シャルドネ

¥5,000（税込み）

日本／新潟

カーブドッチ

WINERY

カーブドッチ　ワイナリー

→ P.223 参照

酸味

和食にも合う
注目のスペイン産品種

アルバリーニョ

角田浜《かくだはま》の自社農園で育てた、スペイン原産のぶどうを使用。桃やジャスミン、紅茶のような香り。上質で余韻の長い酸味が特徴。

アルバリーニョ

¥4,200／2015年

監修　**瀬川あずさ**（せがわ あずさ）

日本ソムリエ協会認定ワインエキスパート。株式会社食レコ代表取締役。ワインスクール「レコール・デュ・ヴァン」新宿校主幹講師。ウェブサイトを中心とした複数のメディアで、飲食店やライフスタイルにまつわる情報を発信。ワインは堅苦しいものではなく、生活を豊かにしてくれるエッセンスだと捉えている。執筆の傍ら、ワインイベントを主催するなど、ワインの魅力と楽しみを伝えるために活動している。

オフィシャルブログ　「Gourmet Diary」
http://ameblo.jp/segawa-azusa/

漫画・イラスト　**菜々子**（ななこ）

2006年にマンガ『美肌一族』でデビュー。『an・an』などの女性誌を中心に、webやテレビでもイラスト・漫画を制作。得意ジャンルは美容、恋愛、イケメン、料理など。明るく楽しくかわいいものを追究中。
http://nanako0803.sakura.ne.jp/

カバー・本文デザイン	酒井由加里（G.B. Design House）
DTP	くぬぎ太郎（TARO WORKS）
撮影	朝日新聞出版写真部　岸本絢、大野洋介
編集制作	松田明子
企画・編集	朝日新聞出版　鈴木晴奈

マンガで教養《きょうよう》
やさしいワイン

2016年11月30日　第1刷発行

監修　瀬川あずさ
発行者　須田剛
発行所　朝日新聞出版
〒104-8011
東京都中央区築地5-3-2
電話（03）5541-8996（編集）
（03）5540-7793（販売）
印刷所　中央精版印刷株式会社

ISBN　978-4-02-333120-4

定価はカバーに表示してあります。
落丁・乱丁の場合は弊社業務部（電話03-5540-7800）へご連絡ください。
送料弊社負担にてお取り替えいたします。

協力企業

- 楽天市場　HP http://www.rakuten.co.jp/

- 岩の原葡萄園　☎025-528-4002
- ヴァンパッシオン　HP http://www.vinpassionco.com/
- エノテカ　0120-81-3634
- 大沢ワインズ　☎0749-54-2344
- カーブドッチ　☎0256-77-2288
- 勝田商店　HP http://www.katsuda.co.jp/
- キッコーマン　0120-120-358
- コルク　HP http://www.cork-wf.com/
- サッポロビール　0120-207800
- サントリー　0120-139-380
- セイズファーム　☎0766-72-8288
- 中央葡萄酒　☎0533-44-1230
- ドメーヌ ミエ・イケノ　HP https://www.mieikeno.com/
- 日本酒類販売　0120-866023
- 日本リカー　☎03-5643-9780
- ペルノ・リカール・ジャパン　HP http://www.pernod-ricard-japan.com
- メルシャン　0120-676-757
- MHD モエ ヘネシー ディアジオ　HP https://www.mhdkk.com/
- ラック・コーポレーション　HP http://www.luc-corp.co.jp/
- ルミエールワイナリー　☎0553-47-0207
- ワイン・イン・スタイル　☎03-5212-2271

- リーデル青山本店　☎03-3404-4456

主な参考図書

- 『男と女のワイン術』伊藤博之・柴田さなえ（日本経済新聞出版社）
- 『図解 ワイン一年生』小久保尊（サンクチュアリ出版）
- 『ワインの図鑑』監修・君嶋哲至（マイナビ出版）
- 『ワインは楽しい！』オフェリー・ネマン（パイ インターナショナル）